U0155368

勐海
五书

策划：勐海县委宣传部
主编：马 原

A History of

Menghai's

Native Plants

勐海
植物记

刘华杰——著

北京大学出版社
PEKING UNIVERSITY PRESS

图书在版编目（CIP）数据

勐海植物记 / 刘华杰著. —北京：北京大学出版社，2020.1
（勐海五书）
ISBN 978-7-301-30895-0

Ⅰ.①勐… Ⅱ.①刘… Ⅲ.①植物志—勐海县 Ⅳ.①Q948.527.44

中国版本图书馆CIP数据核字（2019）第237059号

书　　　　名	勐海植物记
	MENGHAI ZHIWU JI
著作责任者	刘华杰　著
书 稿 统 筹	周雁翎
责 任 编 辑	周志刚
标 准 书 号	ISBN 978-7-301-30895-0
出 版 发 行	北京大学出版社
地　　　　址	北京市海淀区成府路205号　100871
网　　　　址	http://www.pup.cn　　新浪微博：@北京大学出版社
微信公众号	科学与艺术之声（微信号：sartspku）
电 子 信 箱	zyl@pup.pku.edu.cn
电　　　　话	邮购部 010-62752015　发行部 010-62750672　编辑部 010-62753056
印 刷 者	天津图文方嘉印刷有限公司
经 销 者	新华书店
	787毫米×1092毫米　16开本　30.75印张　400千字
	2020年1月第1版　2022年11月第3次印刷
定　　　　价	128.00元

目 录
—— *Contents* ——

第 3 章

北上西行：第二次勐海植物考察

/153

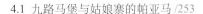

第1章

一方水土养一方植物

盖将开物以成务，必先辨类而知名。

——《御定广群芳谱》

"在美丽的西双版纳，头人召勐海的儿子召树屯英俊潇洒，有一天他见到从天际飞来的孔雀公主……"

召树屯与楠木诺娜的故事源于印度和锡兰（今斯里兰卡）的佛经，在中国，此故事的主要流传地就是西双版纳。小时候看过相关电影，对西双版纳心驰神往。

早在 2001 年我就来过西双版纳，到过勐海县景真八角亭和打洛，但那仅仅是"现代性"的点卯式旅游，当时关于西双版纳、勐

勐海县各地洋溢着佛教文化氛围，这是勐海县城北部曼打傣的一处极为普通的佛寺。

海，自己获取的知识可以忽略不计。不过，自2018年8月开始来西双版纳勐海县考察植物，经过数月，到了2019年夏天，我可以自豪地说，自己与这片土地深深地联系在一起，爱上了这里的人民和植物，也获得了大量的实际知识。现在闭上眼睛，脑子中有详细的西双版纳州勐海县地图，一个个地名、一种种植物立即浮现出来，并且彼此牢固锁定：苏湖／湄公锥、曼稿／韶子、勐阿管护站／勐海天麻、贺松／滇五味子、南糯山／高盆樱桃、勐往／榆绿木、勐阿／铁刀木、格朗和／密毛山梗菜、滑竹梁子／大序醉鱼草、曼瓦／大果山香圆、勐宋／沟槽山矾。

云南省勐海县各乡镇相对位置示意图，县政府在勐海镇。图中昆明、北京等只示意了方位，未考虑比例。本书提到的乡镇以下诸多地名，可通过谷歌地球、高德地图、百度地图等查到实际位置。

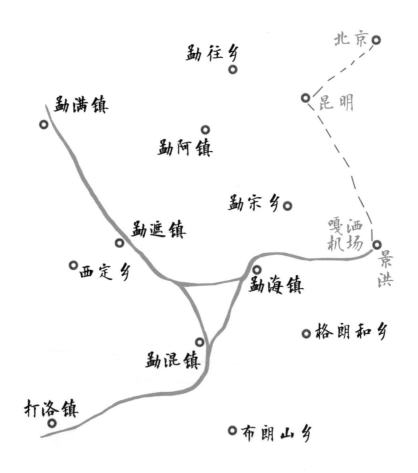

本书的目标读者是勐海县本地人以及勐海县之外喜欢植物的朋友。坦率地说，我是遥远的北方人，对勐海植物的体认远不如勐海当地人。我来写勐海的植物，首先是学习的过程，学着了解勐海植物，也学着感受这片土地和结识朴实的人民。这里丰富而美丽的植物吸引了我，这里灿烂而智慧的民族文化打动了我。我希望六十多天的野外拍摄和时间加倍的鉴定与描述工作，对勐海人民有点用处。从最基本的层面看，但愿本书能起一种桥梁作用，让更多人知道自己习见的植物的正规中文名（植物志上的名称）、所在科的科名以及学名（拉丁名），从而能够借助网络找到更多专业的研究信息，方便与他人交流。

先测试一下，请填写下表：

表1 用于测试的勐海县几种常见植物

标号	本地名	学名	所在科	正式中文名
1	苤菜	*Allium hookeri*	石蒜科	
2	水香菜	*Elsholtzia kachinensis*	唇形科	
3	臭菜	*Acacia pennata*	豆科	
4	染饭花	*Buddleja officinalis*	玄参科	
5	刺五加	*Eleutherococcus trifoliatus*	五加科	
6	水蕨菜	*Diplazium esculentum*	蹄盖蕨科	
7	细苦子	*Solanum violaceum*	茄科	

此表中列出了7种勐海县常见植物，它们均可食用，表中包含了足够多的提示信息（包括学名和科名），请读者填写植物的正规中文名，即《中国植物志》等志书中使用的正式名。知道正式中文名，才便于在更大范围内交流。如果读者能正确填写出3个以上空白，则可以不必阅读本书。在国家标本资源共享平台（NSII）或谷歌、必应、雅虎等搜索引擎中输入上述学名，可以自己验证。正确答案在下述集合N中，但故意打乱了顺序：N={密蒙花，羽叶金合欢，宽叶韭，刺天茄，食用双盖蕨，水香薷，白籽 }。有一定植物学基础

的读者可能会怀疑，觉得某个分科或学名写法不是这样的。怀疑有部分道理，因为即使在专业的植物分类学层面，上述植物的科名和学名写法也不是固定不变的，本书主要采用 APG IV 系统和 PPG I 系统，其中 APG 是被子植物系统发育研究组（Angiosperm Phylogeny Group）的缩写，PPG 则是蕨类植物系统发育研究组（Pteridophyte Phylogeny Group）的缩写。不管采用何种体系，见到活体植物能够认出它们是首要的，然后是知道它们在某个体系中的名称，接下去是把名称作为关键词自行查找更多有用的信息。

我无法写出梅尔（Peter Mayle）的"普罗旺斯系列"、蒂尔（Edwin Way Teale）的"美国山川风物四记"那般潇洒的作品，但不等于没那样幻想过。他们的作品界面友好，可读性更强，而我这里更具体一些，可检验性更强。我也幻想 10 年、50 年后，人们还能记得我曾记录过勐海的大地。

1.1 勐海特有种与本土种

勐海县是云南省西双版纳傣族自治州的一个县，位于云南的最南部。勐字读 měng，而不是 mèng。

西双版纳，名字响亮，如美国夏威夷一般出名，勐海就没有如此大的名声了。但是，勐海是西双版纳的一部分，三个市县之一。西双版纳从东向西包含勐腊县、景洪市和勐海县。没有勐海县，西双版纳就少了三分之一。2019 年 3 月 27 日在必应网站国际版输入"西双版纳"，有 1670000 条；输入"勐海"，有 316000 条。如果时间限制在该日之前的 1 个月内，则前者有 34200 条，后者只有 2780 条。

截至 2019 年元旦，勐海县辖 6 个镇：勐海镇（也是县政府所在地）、打洛镇（边境口岸）、勐遮镇、勐混镇、勐满镇、勐阿镇；5 个乡：勐宋乡、勐往乡、格朗和哈尼族乡、布朗山布朗族乡、西定哈尼族布朗族乡。共有 4 个居民委员会，85 个村民委员会，888 个自然村，937 个村民小组。

云南省植物极为丰富，高等植物超过 18000 种（Yang *et al.*, 2004），当之无愧为中国植物第一大省。辨识云南的野生植物非常困难，要使用的重要工具书首推科学出版社出版的《云南植物志》。此工具书一共 21 卷，第一卷 1977 年 10 月出版，最后一卷 2010 年出版，历时 30 多年。单单收集全这套书就极为困难。但仅仅靠这一种工具书还远远不够。《云南植物志》出版后，随着分类学研究的深入，相关植物的分类地位发生了变化，鉴定过程中必须参考《中国植物志》、*Flora of China*（简称 FOC）及新发表的相关论著才行。

许多植物学家在过去相当长的时间里为云南的植物研究做出了重要贡献，比如安德森、班得瑞、亨利、苏利埃、韩尔礼、德洛维、杜克洛、威尔逊、沃德、福雷斯特、史密斯、韩马迪、施奈德、洛克、吴韫珍、王启无、蔡希陶、吴征镒等。特别应该记住吴韫珍（1898—1941）先生。他是我国早期植物分类学家，20 世纪初期留学美国，抗战前担任清华大学生物系教授，抗战时期任西南联合大学教授，编有《滇南本草图谱》《植物名实图考学名考证》。吴韫珍也是位优秀教师，"分类学家吴征镒、著名生物化学家沈同、著名植物形态学家容启东、著名真菌专家石磊、著名生态学家和林学家王启无，以及杨承元、陈耕陶、梁其瑾等学者都曾深受其影响"（熊姣，2011）。

一个地方植物的特殊性、值得关注的程度，可从多个方面反映出来，比较可靠、专业的依据包括"特有种"数量和《中国国家重点保护野生植物名录》收录情况等。

"特有种"最能反映一个地区野生植物的生物多样性。"特有种"，不是日常语言中吹牛或者骂人的话，而是指本地区分布的特别物种。特别到什么程度？特别到只有勐海县有，其他地方没有！

勐海有许多特别的植物。我提前做了一点功课，找到若干名字与勐海有关的植物，列举几例。

勐海豆腐柴，唇形科（据APG。原马鞭草科）。

勐海胡椒，胡椒科。

勐海冷水花，荨麻科。

勐海胡颓子，胡颓子科。

勐海柯，壳斗科。

勐海葡萄，葡萄科。

勐海山柑，山柑科。

勐海山胡椒，樟科。

勐海石豆兰，兰科。

勐海隔距兰，兰科。

勐海石斛，兰科。

勐海天麻，兰科。

勐海鸢尾兰，兰科。

勐海桂樱，蔷薇科。

勐海槭，无患子科（据APG。原槭树科）。

勐海凤尾蕨，凤尾蕨科。

勐海西番莲，西番莲科（2019年新发现种）。

南峤滇竹，禾本科。

佛海蔗草，莎草科。

佛海石韦，水龙骨科。

现在勐海县的土地在民国时期分属于南峤县、佛海县、宁江局和车里县（部分）四方，原县（局）府所在地对应于今日的勐遮镇、勐海镇、勐往乡和勐宋乡。其中前三者常集中管理，称两县一局。植物名中带有勐海、佛海、南峤等字样的，表明此植物最初发现地与勐海有关，或者勐海是重要的分布地。但并不意味着它一定只生长在勐海一个地方，即它未必是勐海特有种，甚至也未必是云南特有种或者中国特有种。勐海冷水花、勐海葡萄等算勐海特有种；勐海天麻算云南特有种而非勐海特有种，因为普洱也有分布。

植物的科学命名表征一个阶段内植物学家对植物的认识水平。随着时间的推移，研究的深入，一些类群的地位还会变化。比如上述的勐海桂樱，现在已经修订，甚至不在原来的"属"中了，被移出了蔷薇科桂樱属。勐海槭也被修订为巨果槭，这次没有跨属。而勐海凤尾蕨较为微妙，学名中的种加词由 *monghaiensis* 变

上图 勐海葡萄，叶的下面（即背面）。小枝、叶柄密被锈色柔毛。基出脉 5～7 条，中脉上的侧脉每边 5～7 条。看起来没什么特别之处，它可是勐海的特有种。

下图 兰科勐海天麻。这种矮小、不起眼的植物，不容易与普通人心中的兰花、天麻等联系起来，但它确实是一种兰科植物，标准的兰花。它也确实是一种天麻，只是长得比较小。此种植物仅分布在勐海县和普洱市，极为重要。2018 年 9 月 28 日于离勐海镇北部不远处的勐阿管护站林下。

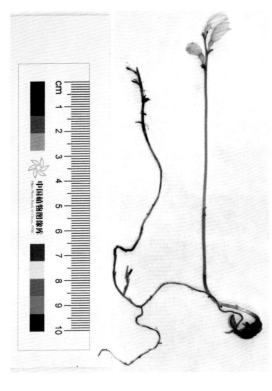

勐海天麻标本。左侧是专门向中国科学院植物研究所李敏先生索要的尺子中的一片。对比尺子的刻度，容易判断勐海天麻各部分及菌根的大小。据说在果期，植株还会长高一点。

为 *subquinata*，中文名保持不变，但分布地增加了不丹、印度北部和尼泊尔。这意味着，勐海凤尾蕨在勐海之外的地方也有分布，即并非勐海特有。虽然它还冠以勐海字样，已不是特有种了。这种现象在植物学界当然极常见，不足为奇。许多植物名称其实不能做字面解释。就变化方向而论，一个物种的地位由特有种向一般种变化，是趋势；反过来则几乎不可能，除非原来对种的认定有问题，现在被拆分开来，一部分仍归原来"所有"。在国家、省、市、县交界处，特有种的确认是件麻烦事，随着研究的深入，特有种的状态可能会发生较大的变化。

除了逐渐减少这一类情况，勐海的植物特有种还有增加的可能性：随着研究的深入，采集的标本更为丰富，分类工作做得更细，在勐海境内还可能发现新的物种，比如 2019 年发现了夹竹桃科新种短梗豹药藤（*Cynanchum brevipedunculatum*）。据我个人野外考察的经验以及一些专家的判断，目前人们对勐海野生植物的调查还不够细致，有关部门应当组织更为系统的采集、调查活动。

云南省南部和北部生长的植物非常不同，植物类型也不一样，通过分布区域较窄的珍稀特有植物（Stenochoric Endemic Plants，简称 SEP）数据可将云南的植物分出 11 个亚区。（Liu Z and Peng H, 2016）勐海特殊的气候带、地貌地理特点，决定了其植物极为丰富。勐海在上述 11 个亚区中属于第 6 个"云南 – 缅甸 – 越南 – 老挝亚区"。亚区内部又分出 15 个小区，而勐海植物主要涉及其中的第 9 小区，珍稀特有植物（SEP）数为 20 个。此数字在云南省各植物小区 SEP 数中属于中等偏上，排在最前位的是独龙江（65）、玉龙雪山（47）、麻栗坡（46）、无量山（35）、苍山（32）、河口（32）、腾冲（30）等小区。

从专家论文（Liu Z and Peng H，2016）附录中提取出 20 个 SEP 数据，如下。

勐海黄肉楠（*Actinodaphne menghaiensis*），樟科。

毛叶樟（*Cinnamomum mollifolium*），樟科。

勐海山姜（*Alpinia menghaiensis*），姜科。

脆舌砂仁（*Amomum fragile*），姜科。

紫红砂仁（*Amomum purpureorubrum*），姜科。

勐海姜花（*Hedychium menghaiense*），姜科。FOC 未收入。

毛果山柑（*Capparis trichocarpa*），山柑科。

簇花唇柱苣苔（*Chirita fasciculiflora*），苦苣苔科。

版纳牡竹（*Dendrocalamus xishuangbannaensis*），禾本科。FOC 未收入。

密毛箭竹（*Fargesia plurisetosa*），禾本科。

隔界竹（*Yushania menghaiensis*），禾本科。

勐海天麻（*Gastrodia menghaiensis*），兰科。

勐海石斛（*Dendrobium sinominutiflorum*），兰科。

勐海鸢尾兰（*Oberonia menghaiensis*），兰科。

勐海醉魂藤（*Heterostemma menghaiense*），夹竹桃科。

阔叶娃儿藤（*Tylophora astephanoides*），夹竹桃科（据 APG。原萝藦科）。

滇南芙蓉（*Hibiscus austroyunnanensis*），锦葵科。

勐海冷水花（*Pilea menghaiensis*），荨麻科。

勐海葡萄（*Vitis menghaiensis*），葡萄科。

大镰叶槲寄生（*Viscum macrofalcatum*），檀香科（据 APG。原桑寄生科或槲寄生科）。FOC 未收入。

勐海县拥有许多国家重点保护野生植物（包括第一批和第二批）：金毛狗科金毛狗，桫椤科中华桫椤，乌毛蕨科苏铁蕨，木兰科合果木（*Michelia baillonii*），蓼科金荞麦，使君子科千果榄仁，兰科大花万代兰，兰科七角叶芋兰，兰科勐海天麻，兰科勐海石豆兰，兰科勐海隔距兰，兰科勐海石斛，兰科勐海鸢尾兰，兰科筒瓣兰，肉豆蔻科大叶风吹楠（*Horsfieldia kingii*，《中国植物志》称滇南风吹楠），山茱萸科（据 APG。原蓝果树科或紫树科）喜树（*Camptotheca acuminata*），楝科红椿等。第一批名录 1999 年颁布，第二批一直处于"讨论稿"状态。从国家级保护植物角度看，勐海还有国家 I 级保护植物防己科藤枣和木兰科长蕊木兰，国家 II 级保护植物壳斗科三棱栎。

未列入保护名录的，未必不需要特别保护。专家建议："在参考 IUCN《濒危物种红色名录》《中国物种红色名录》和《中国自然观察 2016》等调研报告的基础上，建立基于专家和科学数据的评估标准，对我国的物种进行全面梳理和评级，以调整保护级别。"（吕植、顾垒，2018-05-22）比如，2017 年在西双版纳布龙州级自然保护区

乌毛蕨科苏铁蕨，国家重点保护野生植物。此处配细节图是为了能看清关键特征。2018 年 9 月 27 日于勐翁路口。

发现了壳斗科轮叶三棱栎，而之前认为它在国内只分布于海南省鹦哥岭（2005年发现）。三棱栎属在壳斗科中是最小也最晚发现的属，此属被认为是壳斗科中最古老的类群，对于研究壳斗科植物系统演化及大陆漂移、环境变迁很重要。（王晨绯，2017-01-16）

2017年5月22日云南省环保厅、中国科学院昆明植物研究所和昆明动物研究所联合发布了《云南省生物物种红色名录（2017版）》。此评估工作由中科院昆明植物所牵头，昆明动物所等单位承担，在《云南省生物物种名录（2016版）》（收录了25434个物种）基础上，先后经过了"工作组初评、专家会评和函评、终评"三个流程才最终完成。（蒋志刚、马克平，2017）

特有物种及重点保护物种，对普通百姓的意义并不特别明显。但是本土种（或叫本地种、地方种）就不一样了，它是相对于外来

山茱萸科喜树的果实，2018年10月1日于勐遮镇。

种而言的。简单地说,在勐海县这块土地上生长了300年以上的植物,就可以算本土种。为什么是300年,而不是100年或者50年?其实目前并没有严格的界定。以300年为尺度大概能够说清全球化、现代社会中人对当地物种的影响。换句话说,300年前就"定居"于某地的植物,已经充分适应了当地的环境,成为当地生态系统的一部分。它们也是"安全的",因为它们长期与周围的世界打交道,已经稳定下来。我们应当牢固树立一种观念:本土种是好的、安全的。怎么知道一种植物是不是本土种呢?首先要准确辨识植物,其次要查资料,而不能凭感觉判断。比如鸡蛋花、佛手瓜、落花生、朱蕉、木薯、凤凰木、腊肠树、银桦、酸豆等虽然在勐海常见,但不是勐海的本土种。(可参考本书附录4。)

长远看,勐海县应当建立自己的植物标本馆,建立以保护和展示本土物种为主要目的的植物园。

1.2 勇敢者身处的自然地理环境

勐海,古名勐咳,意即"勇敢者生活的地方"。在县内,通常的情况是:中间是平坝,两侧是高山。

到了勐海,我了解到的第一件事就是:西双版纳的最高处和最低处,都在勐海境内。第二件事是:勐海县也是全中国普洱茶的最大产区。第二件事多少出乎人们的意料,因此,我也想首先把这些基本信息传达给本书的读者。西双版纳州野生种子植物约4152种(高江云等主编,2014:16),算上栽培植物估计超过5000种。在勐海县境内,就经济、民生而言,最重要的植物当然是普洱茶了!

勐海县位于东经99度56分到100度41分,北纬21度28分至22度28分之间。跟美国夏威夷群岛的纬度非常接近:夏威夷大岛最南端大约北纬19度,考爱岛最北端大约22度。勐海县境内最高点在东北部勐宋乡的滑竹梁子,海拔2429米;最低点在西南角南桔河

与南览河交汇处，海拔 535 米。也就是说，勐海全县都在海拔 500 米以上，勐海县勐海镇县政府所在地海拔 1170 米左右，而北京城区海拔 50 米左右，昆明城区海拔 1900 米左右。

勐海县境内多山，山脉有 326 条，海拔 2000 米以上的山峰有 29 座。山间平地称坝子，共有 15 个，其中较大的有 9 个，总面积不超过全县面积的 7%。（周海丽主编，2016：4—12）到过西双版纳傣族自治州的景洪市、勐腊县的游客，可能会想当然地以为自治州的第三块地方也差不多，都是低地热带雨林。而实际情况是，位于自治州内西部的勐海县自然条件非常不同。首先是地势高，其次是昼夜温差大。与此相对应，自然分布的植物种类也非常不同。在勐海，虽然也能找到鸡蛋花、椰子、油棕、蒲葵、叶子花（三角梅、宝巾）、凤凰木、王棕（大王椰子）等热带常见植物，但是它们并不代表勐海的一般植物，更不表征勐海的野生植物。

左图 滑竹梁子森林中的山龙眼科山龙眼属植物，2019 年 1 月 10 日。

右图 滑竹梁子森林中盘旋的大藤子，在潮湿的环境中上面生长了许多藓类植物。

纬度、海拔、温度、土壤、人类活动的组合,大致确定了植物的分布状况。西双版纳州的植被可划分为如下四个主要类型。1. 热带雨林(rain forest),又可以分出两个亚型:海拔900米以下的低地亚型和海拔900～1600米的山地雨林亚型。2. 热带季节性湿润林(seasonal moist forest),海拔650～1300米。3. 热带山地常绿阔叶林(montane evergreen broad-leaved forest),海拔1000米以上。4. 热带季雨林(monsoon forest),主要在澜沧江河岸和宽阔的坝子上。勐海县除了缺失第一类型中的低地亚型,其他均有分布。(高江云等主编,2014:16—21)

勐海的植被类型还可以做如下具体划分:季节性雨林,半常绿季雨林,石灰岩山林,暖热性针叶林,热性竹林,河漫滩灌丛,山地丘陵灌丛,禾本科草类灌丛。(周海丽主编,2016:11—12)

更详细的分析,可参考朱华等人的长篇文章,他们30多年的研

勐海县南糯山云雾中生长的茶树。这里出产的普洱茶质量非常高。2019年1月3日。

究结论是：西双版纳的森林植被共包括32个较为典型的群系，分属于7个主要的植被型——热带雨林、热带季节性湿润林、热带季雨林、热带山地（低山）常绿阔叶林、热带棕榈林、暖热性针叶林和竹林。（朱华等，2015）

1.3 用双词命名法刻画植物

植物多，相关名字更多。名实对应不准确，大家谈的可能不是一个对象。如果无法对应，前辈们辛苦积累的知识就无法使用。

请看下述植物：扫把草（棕叶芦），麻个龙（湄公锥），麻劲（油渣果），麻夯棒（余甘子），埋哈（千果榄仁），锅腊龙（茶），埋山母（茶梨），埋央亮（风吹楠），帕故喃（食用双盖蕨），故蛮火（金毛狗），芽竹麻（朱蕉），七姐果（苹婆），鼻涕果（南酸枣），红船（铜锤玉带草），缅茄（树番茄），侧蕊（肋柱花），鱼胆木（灰白浆果楝），狗骨头（韶子），官底（三叶蔓荆），天梓树（喜树）。同一种植物各地的叫法不同，括号外是当地名，括号里是通用名。听到当地人的称呼，你脑海中浮现的是哪些植物？如果不标注一下，很难对应起来。由此也可以联想，《植物名实图考》之类的图书很重要。

勐海县植物众多，如果没有合适的名称，指称起来非常麻烦，容易造成各种误解。比如"橄榄"，可以指许多完全不同的植物，根本不在一个科。多物同名、同物异名的现象，长期以来普遍存在。为了交流方便，必须设计出一套行之有效的命名办法，大家共同遵守，当提到某一名称时，世界各地的学者都知道说的是什么东西。

给植物命名是一项看起来简单，实际上极为复杂的事情。学者们用了数千年才总结出被普遍接受的双词命名法（即双名法），它并非如汉语字面所示，由两个名字捆绑而成。古希腊大学问家亚里士多德在《范畴篇》和《形而上学》中描述了最初级的双词描述体系，通过对"属"的层层逼近，最终严格刻画"种"的本质。在亚里士多德那里，"属"不是一个等级，而是多个不同的等级，大致对应于现在讲的纲、目、科、属；他说的"种"只对应一个等级，非常基本，好似"原子"一般。西方人对"种"的根本性、不变性的强调，都与希腊哲人早期的探索有关。

博物学家林奈把亚里士多德的思想发展到了现代形态，于是有了我们熟悉的属、种的概念，双词命名法在科学史上也牢牢打上了林奈的印迹（其实他并非发明人）。而科的概念出现得更晚。

林奈在1751年出版的《植物哲学》（Linnaeus，2005）中指出："同一属内植物的属名必须用单一的词语表示。同属植物的属名必须相同。"（第215—216条）"在设计出种名之前，属名必须先确定好，并保持不变。"（第219条。注意：那时的种名不同于我们今日所说的种名。）"如果对一植物给出了一个属名和一个种名，那么就算给它完全命名了。"（第256条）"一物种的合法名称应当区别于同属的所有其他植物。"（第257条）但是那时双词命名法并未达到现在的形态，当时并没有今日"科"的概念，林奈对物种的理解和叙述也是含糊的。到1753年林奈出版《植物种志》时，通过对一个个物种的描述，对植物的科学命名变得更明确了，但仍然与现代植物科学中讲的双词命名法有一定区别。世界植物学家大会不断修订命名法规，相应地对双词命名法的具体操作也给出了一些限制，出版了各种版本的《国际植物命名法规》（2011年之前）和《国际藻类、菌物和植物命名法规》。2014年，高等教育出版社还翻译出版了《解译法规:〈国际藻类、菌物和植物命名法规〉读者指南》。植物学家和植物爱好者应当仔细阅读这些书。

为了避免混乱，有必要指出林奈意义上的种名、物种名与现在命名法中的物种名的细微差别。

林奈意义上的属名用一个词表示，首字母要大写；物种名（name of a species in Linnaean sense）是指包含属名（generic name, nomen genericum）在内的一串根本性特征描述，要使用多个单词。林奈意义上的种名（specific name in Linnaean sense, nomen specificum legitimum）也是指一串特征描述，即从物种名中去掉属名后剩下的部分，也包含多个单词，有时中间还有标点。显然，这与现在所说的"种名"有相当大的差异。

当代分类学意义上的种名（specific name）、物种名(name of a species)是一回事，皆指"属名"(generic name)加上"种加词"（specific epithet）的一个完整组合。其中种加词对应于林奈意义上的种小名（trivial name, nomen triviale, epitheton）。

现在教科书常讲的双名法对应的英文全称是 binomial nomenclature，意思是用两个拉丁词或拉丁化的词来描述一个物种（a species）。而林奈那时并没有强调两个词，实际上他用的通常并不是两个词，而是多个词！根据植物学界著名学者斯特恩（W. T. Stearn）的解释，通常说的双名法用英文表达相当于 double-term name-method。因此双名法的准确叫法应当是双词命名法。它强调的是"双词"而不是"双名"，实际上后面的那个词未必是名词。比如勐海石豆兰这个物种，其学名是 *Bulbophyllum menghaiense*，其中 *Bulbophyllum* 是属名，指石豆兰属（*Bulbophyllum*），这个属中有许多物种，全球约1000种，仅我国就近百种。上述学名中 *menghaiense* 是修饰语，字面意思是"勐海的"，它是种加词，即关于种的一个修饰词，它本身绝对不是种名、物种名！那么什么是物种名呢？物种名（简称种名）是指一个完整组合 *Bulbophyllum menghaiense*，它的任何一个部分都不能妄称物种名、种名。理论上，物种名是唯一的，不允许两个不同的物种叫同一个名称，这一点林奈早就规定好了。就名称与实物指称过程来讲，一个属名对应的现实植物，可能只有一个物种（这种情况比较少，对应于"单种属"），也可能包含许多物种（这是常见情况）。而学名中包含某个种加词的植物，可能只对应于一个物种（常见），也可能对应于许多物种（也常见）。

包含种加词 *menghaiense* 的物种就有多个，比如可以列出勐海隔距兰（*Cleisostoma menghaiense*）、勐海醉魂藤（*Heterostemma meng-haiense*）、勐海姜（*Zingiber menghaiense*），这三者非常不同，分别是兰科、夹竹桃科和姜科植物。也就是说，单纯属名和种加词对应的物种都不是唯一的，只有两者组合，即"属名＋种加词"，理论上才是唯一的。

中文出版物中关于双名法的叙述经常是错误的，这些错误甚至来自许多大人物。为避免得罪人，在此就不点名了。

另外需要指出的一点是，命名不是孤立进行的，而是与分类密切相连的整体活动的一部分。作为博物学家的林奈不仅给出了命名的规则，还创造了一套研究动植物的方法、程序。当然，这不全是他一个人的贡献。"在林奈方法的创立过程中，阿泰德（Petrus Artedi，1705—1735）做出的贡献应当与林奈的同样伟大。"（Stearn，1957：74—75）阿泰德长林奈两岁，却在 30 岁就不幸去世了。1735 年林奈在《自然系统》中插入一页博物学研究方法论，1736 年以"林奈的方法论"为名单独出版。斯密特（Karl P. Schmidt）和斯特恩都非常重视这一简明的方法论纲要。在 1738 年出版的《克利福德花园》一书中，林奈基本上遵循了他提出的方法论，但是在 1753 年出版的《植物种志》中，由于讨论的内容过多，为节省时间、精力和篇幅，他并没有完全贯彻上述方法论。但背后的思想是一致的。这份简明的《林奈的方法论》包含七部分内容：（1）名称，（2）理论，（3）属，（4）种，（5）性状，（6）用途，（7）文献，共计 38 条。

拉丁学名非常重要，但并不是说其他名字因此就不重要了。植物志上关于一种植物的名称，一般会给出国际通用的拉丁学名，还要给出所在地通用语言下的规范名（它当然也是俗名），理论上它在该部植物志中也是唯一的。不过，在计算机技术还不十分普及的情况下，做到这一点也不容易，《中国植物志》就没有做到，现在的《中国植物志》中有若干植物重名。据刘夙统计，重名者有 69 对。

其中 4 对为属名相重（因此也导致种的层面相重 3 对），于是真正物种名相重者 66 对。新版《中国植物志》必须纠正这类问题。

除了学名、规范名外，植物志还应当收录植物的大量俗名，包括民族用名、地方名、土名等，当然这些俗名逻辑上有交叉，有时地方名就是某个民族对植物的称谓。这些名称适用范围虽然有限，但记录了重要的文化信息。一部好的植物志应当尽可能收集各种俗名。关于植物地方名，也有一些工具书可以使用，比如许再富等人编著的《植物傣名及其释义：云南西双版纳》。

举一个例子。红木科的红木，学名是 *Bixa orellana*，它是林奈 1753 年命名的。《中国植物志》上的汉语规范名就是红木。而傣族名字是锅麻想。其中"锅"=植物，"麻"=果子，"想"=（用红色素刻写经文时的）画线。此植物的另一个俗名是胭脂木（云南金平的叫法）。又如豆科铁刀木，原来学名为 *Cassia siamea*，是拉马克 1785 年命名的，1982 年被欧文（H. S. Irwin）和巴纳比（R. C. Barneby）两人修订为 *Senna siamea*。可以看出，种加词未变，而属名变了，由决明属（*Cassia*）变到了番泻决明属（*Senna*）。这种植物的汉语规范名为铁刀木，其他俗名有黑心树和埋其列。后者为傣族名，其中"埋"=树木，"其列"=树木心材黑色，坚硬如铁。在泰国，此植物称作 Mae-khee-leh，跟西双版纳傣族发音 mai-qi-lie 相似。

《植物傣名及其释义：云南西双版纳》中说，傣族对植物的命名用了与林奈命名法相似的双名法。（许再富等，2015：7）可能还需要提供足够的证据。表面的两词并列不等于林奈的命名方式，实际上从前文的叙述可以看出，林奈的特别贡献在于把分类和命名两个环节紧密地结合为一个不可分割的整体过程：分类必须命名，命名必须进行分类，或者说分类即命名，命名即分类。其双词命名体制保证了在发表一个新种时，同时完成分类和命名，不存在只分类或者只命名的情况。在林奈以降的科学操作体系下，一物种一旦被命名，它就在整个体系中具有了唯一的地位，"上下左右关系"都很清楚，而其他命名办法做不到这一点。当然，这并不表明林奈式或科学意义上的操作就能保证分类的正确性。历史表明，后来的调整不断在进行，体系本身也在演化。那么，为何学界还高度评价林奈式操作呢？因为即使在不断修订，其间的转换也是依据严格程序的，理论上做到了"传承有序"和"指称明确"，也就是说，理论上保证了可检验性、可追溯性。

不过，各民族、各地方百姓在长期生活实践中创造了自己独特的自然认知方式和地方性知识，包括植物分类命名体系。对此，应当仔细收集材料，翔实记录、深入研究，有些则值得在实践中传承。在全球现代化的过程中，许多传统认知成果在流失、被遗忘，比如张劲硕举了汉字简化中的例子："麕→獐，麜→狍，貓→猫，它们本来在自己类群里待得好好的，结果都成犬科动物了！"（据张劲硕微信，2019 年春节）这一过程，汉字是简化了，但中国古人本来正确的分类被糟蹋了，造成一代一代华夏子女被迫接受错误的知识，以为祖先跟我们一样不"科学"、没文化。

1.4 普洱茶的学名你可能不知道

茶马古道、丝绸之路都涉及茶，勐海之普洱茶占据重要地位。勐海县长期以来是农业县，农业自然主要靠天气、土地、植物、人力。在勐海，最重要的经济植物当然是茶。茶有多重要？非三言两语可以讲清，也非一本书两本书可以讲透，现在更需要从全球人类文明发展的视野阐述种茶、制茶的重要性。

中国古代文明在世界史中有独特地位，宣传中常提指南针、火药、造纸术和活字印刷术四大发明，最近又有人半开玩笑地提高铁、移动支付、网购和共享单车。其实都不恰当。前者是基于西方扩张视角的评价，后者则是在西方近现代技术基础上完成的综合性创新，都不能真正展示中国人的贡献。从博物学的角度看，中国古代文明有如下几件倒是极为特别的：茶叶、蚕丝、瓷器、豆腐，它们是货真价实的古代四大发明。种茶制茶，与植物有关；养蚕缫丝，与动物有关；开采高岭土烧制瓷器，与矿物有关；选育大豆并让大豆中的蛋白质以特别的方式凝结起来，则与植物和矿物有关。所有这一切经验成分较大，均不涉及高深的数理科学、还原论科学。生活在高科技之21世纪，初看起来这四样似乎级别不够：不那么深刻，不那么具有征服力，因而价值不很大。其实不然，反思现代性文明之蛮横、不可持续，才能够重新确立它们了不起的位置。这四者，经过了长时间的反复检验，是可以信赖的。

首先，它们的确是在中国这块土地上由古代中国人发明的，优先权没有任何争议。其次，它们的确塑造了古代中国的形象，渗透于中国各阶层人的日常生活，对内对外影响巨大。这四样东西涉及植物、动物、矿物三界，前三者都曾是全球贸易的主角，直接影响了黄金、白银在全球的流通状况。这四样东西，先后也有若干代用品，如咖啡、红酒、可乐等部分取代了茶，以玻璃、钢铁、塑料作为原材料的容器部分取代了瓷器，棉花和化学纤维部分取代了蚕丝，但并没有完全否定其地位。特别是，直到现在茶和豆腐依然影响着数亿大众的日常生活。从资源利用和可持续发展的角度看，这四种发明基本没有问题。瓷土开采影响环境、废弃瓷片耐腐的确有点问题，但不严重（与金属矿产的开采冶炼相比，污染较小），其他三者完全无问题。

如果以为茶叶、蚕丝、瓷器、豆腐仅仅是东西、是物质，因而它们只体现出所谓的物质文明而不涉及精神文明，那就大错了，那是依据西方的心物二分来看待中国的事情。茶叶、蚕丝、瓷器、豆腐是物质，但同样包含着精神，是两者的有机结合。类似地，博物，不仅仅体现于物、着眼于物，也包括人伦、意志和自由，既是对象、手段，也是目的。

山茶科山茶属（*Camellia*）的植物茶，建构了中国的国际形象，也奠定了云南勐海的形象。来到勐海，遍地是茶山、茶厂、茶铺。将茶选为勐海第一种植物，毫无悬念。先做一约定：此节说的植物多涉及栽培植物，提到的每一种植物，并不是指分类学上的"种"，而是指一类植物，通常包含一个属（genus）下的多个种(species)。如今，代茶的植物非常多，也大规模种植，比如广东信宜大雾岭石崖茶用的是五列木科（原山茶科）杨桐属的亮叶杨桐（*Adinandra nitida*），跟勐海的茶根本不在一个属，按 APG 系统甚至不在一个科。非山茶属的茶不在这里讨论。

山茶属与茶密切相关，但并非个个可以当茶。这个属内全世界有多少个种呢？非常多，不同材料说法不一。《中国植物志》说此属有 280 种，我国分布 238 种；FOC 说此属大约 120 种，中国分布 97 种，其中 76 个为特有种。

狭义的茶，也包含多个种，算上亚种、变种、栽培种那就更多了。人们售茶、饮茶，却未必清楚作为植物其分类地位如何，也很少提及它与其他茶在科学分类上的关系，即使偶尔提到其学名，也不会专门解释其由来。

在勐海（当然不限于勐海），广泛栽培的商业茶叶的原植物，在植物分类学上属于普洱茶。它是一种大叶茶种，不同于安徽、福建、浙江、广东、广西、河南、湖北、湖南、贵州、江西、四川、台湾等地的小叶茶种。在中国，几乎人人知道普洱茶，但可能极少有人清楚其学名，即使是专门做植物学工作的，准确写出普洱茶的学名也非易事。到了 2016 年，普洱茶的学名可写作：

Camellia sinensis (L.) Kuntze var. *assamica* (Mast.) Kitamura

为何注上 2016 年？因为时间不同，合法的名称也可能不同，此时定名，无法保证彼时不变。这里首先对上述字符串中用正体排出的词作点解释。它涉及四个人名，换种通俗的说法，至少经过这四人的努力，普洱茶原植物才有了现在的学名。实际上，它涉及的人数不止这几位。

字符串中的第一个词 *Camellia* 上面已经提到了，意思是"山茶属"，它是植物拉丁语中的一个名词，来自人名 Georg Joseph Kamel（Cameli）（1661—1706）。Kamel 是摩拉维亚的一名男性博物学家，对菲律宾动植物颇有研究。第二个词 *sinensis* 意思是"中国的"，用的是属格，相当于一个形容词。接下来括号中的 L. 是大博物学家林奈名字的缩写。在植物命名中，只有林奈的名字才可以如此缩写，而且全世界人都知道指的是他。我姓刘，如果发表一个新种，署名是不可以简写作 L. 的！相关信息是：林奈在 1753 年出版的《植物种志》第 1 卷列有 *Thea* 这个属，只描述了一个种：茶（*Thea sinensis*）；在第 2 卷列有 *Camellia* 这个属，只描述了一个种：山茶（*Camellia japonica*）。1818 年，斯威特（Robert Sweet）尝试将这两个属合并。

Kuntze 指德国植物学家孔策（Otto Kuntze，1843—1907），他出版过著名作品《植物属志修订》。孔策于 1887 年修订了林奈的命名，把茶转到 *Camellia* 属下，得到 *Camellia sinensis*。

接下来 var. 是"变种"的意思，作为拉丁语"小词"，排版时要用正体。

后面的 *assamica* 字面意思是"阿萨姆的"。阿萨姆指不丹和中国西藏南部的一块地区，19 世纪曾是英国殖民地的一个省：阿萨姆省；后来印度接管并分而治之；现在的阿萨姆邦面积大大缩小，只是当年阿萨姆省的一半。在这里，*assamica* 是名词属格（相当于形容词），是说明变种的一个加词。1844 年马斯特斯（John William Masters，1792—1873）在加尔各答出版的《印度农业与园艺学会杂志》上使用了 *Thea assamica* 这一名称，将其等同于 *Thea viridis*，但并不认同有一个物种叫 *Thea assamica*。马斯特斯是一名来自英国的业余植物学家，他的身份是进驻阿萨姆纳齐拉的阿萨姆茶业公司主管。（Roy，2011）印度阿萨姆野生茶发现于 1821 年，1835 年第一个茶园在阿萨姆省拉基姆普尔区（Lakhimpur）开张。1838 年英格兰收到殖民地生产的 12 箱茶叶。合资的阿萨姆茶叶公司成立于 1839

年，开辟了最大的茶叶种植园。但起初发展得并不顺利，到 1852 年才有起色。这时有茶园 15 个，总面积 2500 英亩，总产量 26700 镑，价值 23362 英镑。目前阿萨姆邦大约有 41000 个茶园，面积 2600 万英亩。阿萨姆茶园数占全印度茶园数的 35% 左右，茶园面积和茶叶产量约占全印度的 50%。2005 年，每公顷产量为 1600～1700 千克，阿萨姆邦总产量为 487487 吨，全印度为 945974 吨。（Roy，2011）补充一句：阿萨姆这个地区通过不到 20 千米宽的西里古里走廊与西边的印度本土相连，其原住民是由西戎人、巴蜀人、傣族人的后裔融合成的一个民族，它有着不同于印度本土的独立演化历史。

1962 年，怀特（W. Wight）想把阿萨姆茶作为一个独立种分出来，他在《当代科学》（*Current Science*）上发表文章将 *Thea assamica* 转到另一个属，提出一个新组合 *Camellia assamica*（Masters）。实际上这一工作有瑕疵，因为马斯特斯的 *Thea assamica* 是无效的。

不过，至此各个"零部件"都有了，有待组合到一起。日本京都大学教授北村四郎（Siro Kitamura，1906—2002）于 1950 年在《植物分类与植物地理杂志》（此为中译名，杂志日文名为"植物分類，地理"，拉丁文名为 *Acta Phytotaxonomica et Geobotanica*）中著文修订（北村四郎，1950），这种植物被分类为 *Camellia sinensis* 的一个变种，于是有了 *Camellia sinensis* (L.) Kuntze var. *assamica* (Mast.) Kitamura 这一名字。这跟 FOC 的写法一致：*Camellia sinensis* var. *assamica* (J. W. Masters) Kitamura。

但是细心的读者会发现，北村四郎在该杂志第 59 页并没有写 var. *assamica* (Mast.) Kitamura，而是写着 var. *assamica* (Pierre) Kitam.。显然，这里隐含着一些问题。

到了 2017 年，普洱茶学名还要稍稍变化一下。（Zhao *et al.*，2017）到现在（2019 年 2 月），普洱茶最新的正式名称是：

Camellia sinensis (L.) Kuntze var. *assamica* (Choisy) Kitamura

比较一下，忽略命名中关于"发表之有效性"争论的细节，此学名与FOC的相比差别只在于倒数第二项，即括号中的 J.W. Masters 换成了 Choisy，后者指瑞士植物学家舒瓦西（Jacques Denys Choisy，1799—1859）。

不过，这并不是简单的换个人的问题，因名称写法不同，故事的讲法将完全不同。赵东伟等人指出，历史上 *Camellia assamica* 在1998年以前从未合格发表，于是不能直接接受 *assamica* 作为种加词的山茶属物种，但是可以接受一个以它作为变种加词的变种。1855年瑞士植物学家舒瓦西合格地发表了一个变种 *Thea viridis* var. *assamica*，其中的 *Thea viridis* 引证了邱园的一份标本。1887年皮埃尔（Louis Pierre，1833—1905）发表了一个有效的组合 *Thea chinensis* var. *assamica* (Choisy) Pierre，其中参考了舒瓦西的工作，相当于把 *Thea viridis* var. *assamica* 视为基原异名（basionym）处理。但赵东伟等仍然认为，北村四郎做出的最后组合是有效的。理由在于，北村四郎在引证中提到 "Syn. *Thea sinensis* var. *assamica* Pierre, Fl. Forest. Cochinch. pl. 114 (1887)"。这被视作通过皮埃尔1887年的文章间接引用了舒瓦西的成果，相当于确认舒瓦西1855年发表的 *Thea viridis* var. *assamica* 是一个基原异名。（赵东伟、杨世雄，2012）

于是，对于简写的普洱茶学名，近期似乎什么也没有变，都写作 *Camellia sinensis* var. *assamica*，但具体过程有了很大的变化。

结论：普洱茶（不分地点）在当今科学中的地位是，它是茶的一个变种，其学名的得出字面上有四位学者做出了直接贡献——瑞典人林奈、德国人孔策、瑞士人舒瓦西、日本人北村四郎。间接做出贡献的人就更多了，包括中国人张宏达、赵东伟等。

未来会怎样？谁知道呢。上述学名也只代表今日学术界的结果。但可以肯定的是，无论怎样变化，过去的工作都会或多或少地被引证。

值得指出，许多"做错了"的工作，对植物分类学的发展，也是有贡献的。回顾植物分类学的历史，几乎每一个物种学名的变动，都是一部错误被不断修正的历史，差不多都能写成小册子。不过，不能总用"辉格史"的观点看历史。换一种正面的讲法，它们在今天的对与错，并不很重要；重要的是，在每一年代它们都是人类智力的体现，满足了当时的需求。如果20世纪的科学哲学首先依据生物学而不是力学和物理学来讲述，也许就会早早抛弃朴素"实在论"的范式。未来的科学哲学发展，恐怕也要更多地从博物类科学中汲取营养。

1.5 勐海经济植物一瞥

勐海县林地总面积398151公顷，其中有林地面积310391公顷，占78%。连片种植的经济林面积69589公顷，其中茶叶种植面积44646公顷，占经济林面积64%，橡胶栽种面积23364公顷，占经济林面积33%。

茶叶和橡胶树是重要经济植物，但是不可盲目扩大再生产。单一种植会引来一系列问题。橡胶树林中，生物多样性很低。全国所有普洱茶产区宜共商办法，压缩产量，避免恶性竞争，保护茶区生态，保证普洱茶品质，做到可持续发展。

在20世纪80年代末到90年代初期，发展勐海的农业、增加农民的收入与控制罂粟科罂粟（*Papaver somniferum*）种植、禁毒同步进行。国内毒品控制后，重要任务是管控边境，减少境外毒品种植和输入。

在勐海县政府领导下，县科委、农业局与缅甸掸邦东部第四特区合作开展"绿色禁毒工程"。从1992年到1997年共5年的努力，基本实现了该特区内的禁种计划，有效遏制了境外毒品向内输入。掸邦东部第四特区曾种植罂粟15000亩，500个村寨中有一半农户靠种植罂粟为生，有2000名武装人员从事征收鸦片种植税、制造海洛因、贩毒的工作。在中国的帮助下，该区种植水稻数千亩并获得丰收，亩产达359千克，粮食实现自给，并有余粮出售给勐海及缅甸掸邦东部第二特区，有效地减少了"金三角"的天然毒品数量。这种模式非常成功，被总结为"勐海禁毒模式"。（罗秉森等，2001）据不完全统计，自 1990 年开始到 2001 年，云南省总计投入 4 亿元，派出专业技术人员 3000 余人帮助缅甸，开展替代种植，共种植水稻4000 多公顷、甘蔗 2600 多公顷、橡胶树 1300 多公顷、马铃薯 330多公顷、咖啡 80 公顷，其他经济林 200 多公顷、经济林木 430 多公顷，加上正在开发的项目，总面积超过 13 万亩。随着"一带一路"倡议的推进，中缅经贸交流会愈加紧密，缅甸的替代种植中将增加橡胶树、油棕的种植面积，相关产品中国也可以购买。

勐海的经济植物种类非常多，不可能一一介绍，下面只选择几种常见的种类简要描述，并尽可能引证公开发表的文献。

水稻

勐海是滇南粮仓，盛产滇陇 201、滇屯 502、香文稻、云粳 37等优质水稻，商品米主要包括红紫糯、红软米、紫米。除普洱茶外，禾本科水稻（*Oryza sativa*）应当是勐海最重要的经济植物了，历史上樟科樟属植物曾占据这一位置。水稻这类植物，种下分为籼稻（*O. sativa* subsp. *indica*）与粳稻（*O. sativa* subsp. *japonica*）两个亚种。籼稻耐热和强光，植株较高，米粒细长，适合南方低海拔地区种植。粳稻植株较矮，米粒卵圆，耐寒，一般种植于黄河流域、东北，在南方则种植于海拔 1800 米以上。

早在 1953 年，勐海就成立了农业技术推广站。上世纪 60 年代勐海采用的优良品种中，糯谷主要有毫龙早、毫龙腊、毫香、毫贡杆，饭谷主要有红谷、麻线谷、大白谷，引进的籼稻品种主要有台北8 号、博罗矮、珍珠矮。上世纪 70 年代中期又种植了本地育成的珍北72 号、134 系列品种。1983 年起开始推广杂交水稻。（征鹏，1996：10—27）1996 年勐海全县水稻播种面积 28 万亩，单产 364.4 千克。1980—1996 年，勐海县累计向国家提供商品粮 47185 万千克。

2014年全县水稻播种面积23737公顷（相当于35.6万亩），其中杂交稻16262公顷，优质稻7370.5公顷。就单产看，杂交稻不如优质稻，前者亩产512.8千克，后者亩产538.6千克。种植优质稻比杂交稻每公顷增收11740.5元，相当于每亩增收782.7元。（李文灿，2017）全县的大米加工企业有十几家，年加工能力在5万吨以上。

勐海中海拔地区处于一季稻与二季稻的临界区。早稻若能提前10天收割，将使晚稻播种面积扩大、增产。粳稻耐寒、生长期较短，对积温要求不严，因此有人提出勐海县"早粳晚籼模式"。12月播种，每亩用种2千克。浸种48小时，催芽24小时，播种后盖膜。生长到"二叶一心"大约需要10～12天，到"三叶一心"时部分揭开薄膜，自然通风。移栽前10天撤膜。一般2月开始移栽。（艾萍等，2015）

在选育优良品种问题上，要辩证地看问题，不可急功近利，不要把所有的鸡蛋放在一个篮子里。一些传统老品种，在少数民族地区长期种植，极少出现退化现象，而一些依据现代科技选育的高效新品种，却坚持不了几年。朱有勇院士在哈尼族地区注意到，一些老品种可种植100年或200年，而现代新品种种植3～5年就丧失抗病性，不得不更换。原因是，传统地方品种具有内在多样性，基因检测表明，传统品种的等位基因数是新科技品种的2～3倍。（严火其，2015：280）这样，传统品种选择压力较小，有更大的适应性。而现代科技新品种比较纯粹，品种内部异质性较低，这既是优点，在一定条件下也是缺点，比如适应性差、不可持续。长远看，出于粮食安全和生态安全的考虑，传统品种与现代品种要适当兼顾，并尽可能套种、混种，以增加多样性。投资家巴菲特认为：分散投资是无知者的自我保护方

中国种子集团有限公司在勐海镇北部种植的德香4103号水稻，2018年9月23日。

式，对于那些极度聪明的、知道自己在做什么的人来说，分散投资没什么意义。他的理性赌徒原则是："把鸡蛋放在一个篮子里，并且看好它。"问题是，理性是不全面的，不可能提前洞悉一切风险，人的理性不足以"看好它"。此外，股市与大自然的演化毕竟不同，后者更复杂。

目前产业存在的主要问题是：农资价格上涨，农业生产成本增加；农药和化肥施用不合理，导致农药残留超标，可持续农业思想有待深入广大农民和农业管理者的头脑；品种单调，缺乏多样性。（李文灿，2017）

甘蔗

甘蔗（*Saccharum officinarum*）为禾本科高大实心草本植物。秆高3～5米，直径2～4厘米，具节20～40，下部节间较短，被白粉。叶鞘长于节间。我国台湾、福建、广东、海南、广西、云南、四川有种植。茎中汁液含蔗糖12%～15%。

甘蔗，茎下部的叶子已由蔗农清理过。2019年1月4日于格朗和乡。

勐海是云南省甘蔗全程机械化示范基地、国家糖料生产基地，甘蔗种植面积和产量居全省第七位。全县种植甘蔗 20 万亩。2015 年甘蔗农民人均纯收入 740 元，占农民人均收入 6513 元的 11.36%。2013—2015 年，勐海甘蔗种植面积每年 20 万亩左右。白糖产量约 11 万吨，酒精产量 0.8 万吨。种植的品种主要为粤糖、新台糖等优良品种。（李芳等，2015）勐海雨水一年中分布不均，冬春少雨、气温偏低，影响甘蔗发芽，夏秋季节雨多光照不足，秋雨伴随大风，这些均不利于甘蔗生长。要提高产量，需要有针对性地解决这些天然不足。（王发祥、李艳芳，2004）

2011 年全县积极探索甘蔗间套种马铃薯（在勐海主要有大小两个品种。小个的是本地种，售价更高）、黄瓜、玉米、花生、大豆，从而提高了蔗田综合效率，缓解了作物争地矛盾。（李春秀等，2016）套种的玉米主要品种为西山 70 号、路单 12 号、紫甜糯玉米、正大 615 号。套种的大豆主要品种有华春 6 号、华春 2 号。套种后每亩增加收入约 1400 元。

产业目前存在的主要问题和对策是：糖厂产能较低；蔗区道路建设滞后；劳动力短缺；行业产业规划与购销制度建设有待加强，避免侵害蔗农利益；宜加强政策、法律宣传和执行，引导产业健康发展。

沉香属植物

瑞香科土沉香（*Aquilaria sinensis*）和云南沉香（*A.yunnanensis*）为常绿乔木，多地有栽种，被真菌侵染后结香，可以提炼沉香油。沉香油主要用于高档香水、药品、日用品。

2016 年沉香油的国际市场价格为每千克 70 万元，是黄金价格的两倍多。在勐海县，种植土沉香较早的地方是勐混镇和格朗和乡，2007 年种植面积分别为 26.7 公顷和 3.3 公顷，当时全县累计也就 30 公顷。2015 年勐海县林业局推广种植土沉香，一下子全县达到

了513.8公顷。（吴顺福、王巧燕，2016）种植最多的分别是西定乡、勐满镇、打洛镇和勐遮镇。

目前种植土沉香的基本上是个体经营户，勐海的苗木主要从广东和海南调入，本地苗木培育不规范、抚育管理技术落后；农民对结香技术掌握不全面，收购与加工环节还有待完善。也有人指出，沉香大面积种植导致虫害大面积爆发。土沉香种植投资周期长，占地时间长，农民投资有一定风险。

樟属植物

樟科的樟（*Cinnamomum camphora*）和黄樟（*C. porrectum*）均为常绿乔木，枝叶可提炼樟脑和樟油，供医药及香料工业使用。勐海是我国天然樟脑的主要产地之一，所出产的樟脑是出口创汇的重要产品，产量约占全国的八分之一，占云南省的90%以上。（徐爱萍，2000）樟属植物曾经是继普洱茶之后第二重要的经济植物。

天然樟脑和樟油早已供不应求，现在多地人工种植香樟。当地科研人员已经总结出合理的香樟繁育技术。当年采种当年播，一般9—11月在树龄20～40年的母树上采集。鲜果用草木灰脱酯2～3小时，清水洗净，阴干。通常千粒种子130.6克。整地，施农家熟肥和过磷酸钙。未催芽的种子播种后45天发芽，催芽的播种后7天发芽，一个月后小苗出齐。当长出3～5片真叶时可施农家肥。香樟主根发达，侧根较少，小苗移栽时要考虑到这一特性。（罗清、时权，2016）

大麻

大麻科大麻（*Cannabis sativa*）在南方俗称火麻。一年生草木，高1～3米，茎秆可制纤维；叶掌状全裂；雌雄异株，花黄绿色；果皮坚脆，种子表面有网纹，可榨油。许多人一听大麻两字就想到毒品。其实大麻有许多种，中国境内从东北到西南，大量种植大麻，主要取其纤维，也有利用麻籽的，跟毒品无关。与毒品有关的是一个亚种 *Cannabis sativa* subsp. *indica*，植株较矮，其幼叶和花序含有大量树脂。

西双版纳州是云南省大麻的主产区，种植面积达2000公顷，年产干麻1500吨。勐海县大麻主要种植在勐宋、西定、勐阿、勐满。经实测，大麻种植地土壤pH值在4.26～5.53之间，呈酸性，建议调节pH值，使之为弱酸性，为增产创造条件。勐海土壤氮、钾丰富但缺磷（孙涛等，2010），施肥时应当注意。

橡胶树

大戟科橡胶树（*Hevea brasiliensis*）也称三叶橡胶。西双版纳州自1956年建设橡胶树基地，规模不断扩大。2003年农垦与民营橡胶树面积各占一半，主要集中于景洪市和勐腊县，勐海县不多且主要集中在县境内的东南部地区。1994—2007年间，生橡胶价格暴涨，收购价甚至上涨9倍，刺激了民间种植。2010年西双版纳州幼林与成林面积差不多各占一半。（刘晓娜等，2012）

基于卫星影像数据调研，勐海2011年种植面积17747公顷，到了2013年达到24865公顷，增加了7118公顷，同比增加了28.6%。同时种植区的海拔有小幅上升。2011年时橡胶林分布的海拔是520～1720米，平均1140米，而2013年种植区海拔580～1760米，平均海拔1180米，总体提高了约40米。（孙正宝等，2016）

不过，要仔细研究农民快速增加橡胶树种植面积的动机。橡胶树一般种植7年后才能割胶，农民种植这种树木并非只为了将来割胶，还为了出售木材。此外，他们也急于通过种植橡胶树来确定土地使用权归属关系。

橡胶树林、茶园的大面积扩张，都是以减少荒野面积、大幅度降低生物多样性为代价的。从长远考虑，勐海县为了可持续发展，必须制订宏观规划，严格控制茶叶和橡胶树的种植总面积。

另外，勐海种植了许多香蕉（如在格朗和、勐阿）、月季（如在西定）、亚麻（*Linum usitatissimum*）、火龙果（如在打洛、勐阿）、柚子、柑橘、木奶果（*Baccaurea ramiflora*）、各种蔬菜、草果等植物调味料。这里的火龙果和柚子很甜，而且非常便宜。勐海也出产多种野菜，比如卵叶水芹在勐海全年生长，可考虑把它开发成一种在网络上销售的产品。

勐阿镇种植的火龙果。勐海县产的火龙果，个头相对小一点、圆一些，但非常甜。2018年9月29日于勐阿。

上图 叶下珠科（原大戟科）木奶果。果肉分三瓣，也称三丫果。酸甜。2018 年 8 月 28 日于勐海镇早市。

左下图 叶下珠科木奶果的叶和小枝，2019 年 1 月 13 日于西双版纳热带花卉园。勐海县林业局后院就有小树，南糯山也有栽种。

右下图 伞形科刺芹，勐海当地人称大芫荽、大香菜。著名调味料，可直接生食，也可清炒、拌菜。2018 年 8 月 28 日于勐海镇早市。

左上图 刺芹的上部茎和花序，样子与幼时差异较大。这时候，容易看出它是伞形科的！

右上图 禾本科粽叶芦，也称粽叶草、莽草，勐海县到处可见的一种重要的高大野草。叶可用来包粽子，花序可用来做扫把，花序下部的长秆可用来缝制晒东西的帘子。2019年1月4日于格朗和乡帕沙。

下图 豆科密花豆属植物的大藤子，2018年8月29日于苏湖。有了这类大藤子，森林看起来才像森林。

第2章

融入勐海从苏湖起步

> 我们来这里不是寻求觉悟或涅槃，而是通过成为它的一部
> 分而保护它。
>
> —— 电影《极盗者》（*Point Break*）

我讨厌乘飞机却从不厌烦自驾车，哪怕连续开上十小时。不是担心前者不安全，而可能是因为后者有一定的自主性，可以顺便瞧一眼路边的植物。

由于不得不乘飞机，便也学着适应，比如在飞机上看一部电影消磨时间。2018年8月27日上午，在北京飞往昆明的飞机上观看了电影《极盗者》。不是特意挑的，就那么几部，选择余地不大。

看花、露营、滑雪都是我喜欢的户外活动。前两者我知道喜欢的理由，它们与我的信念一致："看花就是做哲学。"我喜欢滑雪，同时深知它是一种奇怪的冬季运动，冒险仅是其中的一小部分，并不重要。"大自然总能找到办法让你自觉渺小"（Nature will always find a way to make you feel small），这我早就有感受。这是宇宙间的基本事实，不需要《极盗者》的台词再来提醒。

暂不论快速修建数百个滑雪场对环境的影响，消耗电力乘缆车上山就不太自然。当代滑雪大概是这样的：头戴安全帽，脚绑内含大把高科技的雪鞋、雪板，利用重力在压雪机整理过的人造雪场上滑下山去，然后再上山再下山。我这样一位年过半百的老人，随时

还可能受伤。简直太不自然了，我怎么会喜欢这种运动？我真的不理解自己的行为、内心的冲动。为何要做如此不自然的事情？《极盗者》这部电影似乎给出了一种融贯的解释：以小尺度的不自然而通向大尺度的自然。人类个体热爱冰雪、花草、湖海，本质上是想与其同在，把自己变成融合了大自然的更大的自我。每个人内心都有追求极限运动的激情，为了某种信念或说不清的小目标铤而走险。豆瓣对《极盗者》的评分并不高，人们可能忽略了电影表达的深层含义，即尾崎谈到的平衡！超越自我，与大自然同体，以一种表面的、视觉化的极度冒险，即不平衡，来唤醒人们对这个美好星球的关注，因为孕育了我们生命的地球正濒临死亡。"我们来这里不是寻求觉悟或涅槃，而是通过成为它的一部分而保护它。要做到这点，就必须完全彻底地超越狭隘的自我感受。"

成为他者而扩展自我？不是成为他者，而是与他者同在，拓展自己的感受力，这与另一部电影《预见未来》（*Next*）表达的意思一样。

对于滑雪这种多少有点变态的高危运动，我原来不知道为何喜欢它，它与我所信奉的自然理念、博物理念矛盾。要么我信错了，要么我选择了错误的爱好。《极盗者》让我明白，两者可能并不矛盾。单板滑雪训练肌肉，使之产生记忆，让参与者在"多自由度"的力学系统中近乎自动地做出敏捷反应。滑雪达到忘我又随心所欲的状态，此过程追求的根本不是表面的速度和刺激，而是在基底层面顺应大自然，满足自己化作山化作雪的渴望。这跟"看花就是做哲学"仍然一致。

到勐海这片陌生的土地上考察植物，充满了未知。我不是单纯看花看树，也不是如科学家一般做系统而深刻的研究。想来，其中有波西格（Robert M. Pirsig）《禅与摩托车维修艺术》的意味，是人生最好的学习过程。感谢勐海县给了我这样一个机会。然而，读者不大可能关心我所关心的全部问题，如我一般胡思乱想。对于植物，应尽可能进行自然主义的客观描述。但是，第一人称是不能妥协的。

我写自己看到、吃到、拍摄到的勐海植物。同时，我尽可能标注学名以及时间和地点。这样，他人知道我在说什么，并可以亲自核实。

2.1 苏湖半夜鸡叫

2018 年 8 月 29 日 0：45，鸡叫第一遍。高玉宝和郭永江（笔名荒草）合作的《半夜鸡叫》真假我不知道，这里的鸡叫可是真的！

在这之前，院子南侧彩钢棚子下那只小黑狗已汪汪了约一小时。小黑狗与我只有一墙之隔。2019 年 4 月 12 日再访，小黑狗成了小黄狗。我记错了，还是换狗了？

躺在山顶林业管护站一层略微发潮的大床上，我很乏，却毫无睡意。当地人睡得早，晚上 9 点多钟就熄灯了。院子大门口挂了三块牌子，最后几个字都是"苏湖管护站"，它是勐海县林草局建在格朗和乡的一个野外站点，位于勐海县城南部高山的最顶部，从地图上看位于帕宫上寨与贺南上寨之间，距离苏湖村反而较远。

前天（8 月 27 日）凌晨 4：10 手机闹铃响起，我拖上行李，背着迷彩背包，通过"滴滴打车"赶往首都机场 T3 航站楼。如果再晚几天，赶上滴滴出事，被禁止夜间运营，我可能就没法用滴滴了。（当然，再后来又恢复了。）

西南方满月，昏黄。早晨 6：55 乘国航 1403 号航班由北京飞昆明，看影片《极盗者》。上午 10：30 到达昆明长水机场。取出行李，再重新安检（但愿以后不需要如此麻烦），下午 13：04 再由昆明乘东航 9453 号飞西双版纳嘎洒机场。勐海县委宣传部部长刘应枚女士前来接机，我们直奔县林草局。在勐海县城，所住酒店相当不错，夜里却睡不好，可能是因为急于察看勐海这片土地上的植物。

28 日天一亮，就按前一天傍晚打听到的路线逛早市去了。

早市必逛！逛早市是了解一个地方物产、野生植物利用状况的好办法。这与植物学和人类学有关，更与民族植物学有关。

吃过早饭，县委宣传部的胡红卫先生陪我直接到勐海县城东南部一座叫作"苏湖"的大山。山顶海拔1820米左右（比县城高出600多米），山脊地势相对平缓。管护站在平缓的山脊上，离帕宫村较近。车一停下，我便迫不及待地跑进树林。

在林间观察、拍摄了整整一天，应当说很累，此时应当睡得很香才对。最近几年我的睡眠一直很好，据说在我这把年纪能睡算有福了。为何现在睡不好？的确，想得太多：想17年前第一次到西双版纳，想这几天的经历，还想到20世纪60年代末上海、北京的"知青"来到勐海锻炼，等等。

室内一只螽斯每隔一段时间便发出怪怪的声音。3∶30狗又叫起来。4∶34下起中雨。5∶26鸡叫第二遍。6∶44鸡叫第三遍，持续很长时间。雨滴声消失，估计雨停或变小。不久户外虫子和鸟齐鸣。拉开窗帘，有一丝亮光，天阴沉。此时的北京，天早就亮了，两地经度相差11度。7∶29鸡再叫，应当是第四遍，如果我没记错，或者没记漏。记漏是可能的，比如鸡在叫我却小睡了一会儿。

7∶40分起床，天大亮。

躺在床上，本应什么也不想而入睡。"空虚成为一种需要，甚至成为一种奢侈。"人有一种能力：让脑子空一空，但这次我没做到。哲学家卡尔纳普曾对蒯因说，傍晚不谈哲学，免得晚上不能入睡。让人辗转反侧的岂止哲学思辨？

头脑中不时回放着白天见到的植物和与植物相关的事件，比如西双版纳嘎洒机场的油棕、凤凰木，它们与我2001年3月第一次来西双版纳时见到的模样一样，没看出有什么变化。那次是与河北大学出版社的韩建民、任文京两位朋友同行，专程来西双版纳见王雨宁策划一部书，顺便到过勐海县景真八角亭和打洛口岸。昨天由嘎洒机场到勐海县城，路边的行道树中有大量紫葳科的火焰树（*Spathodea campanulata*），鲜红的大花像刚出炉的糕点一律朝上，端坐于树冠上。它是一种初看起来让人赞美，久了让人疲倦，了解底细后让人生厌的树种。它原产于非洲，有超强的繁殖能力，初到夏威夷群岛时也曾受到追捧，不久后侵入当地森林，想清除已经晚了。或许这里的人还没有意识到它是值得提防的"美丽"物种。一路上，跟刘部长由行道树中的桑科小叶榕、豆科印度紫檀、山龙眼科银桦、楝科桃花心木、夹竹桃科盆架树（糖胶树）、紫葳科火焰树，一直聊到了铁刀木。傣语称后者为"埋其列"。（许再富等，2015：105）"傣家寨子附近的铁刀木不是很多了。""为啥？"原来，许多树桩被商人高价买去做茶台了！真是可惜。傣家人聪明、环保、可持续地利用植物的一个典范就是在房舍附近栽种豆科的铁刀木，在距离地面一米左右，不断砍掉新发出的枝条用作薪材，而树桩一直活着，不断发出新枝。这样使用植物，就不必到远处的山上砍伐树木，既方便也保护了生态。全国大部分地方找不到铁刀木这个物种，但可以用替代物种，能取得同样的功效。比如在北京，就可以使用垂柳。

27 日下午，在县林草局后院见到一种大叶子的树木，一时判断不出是哪个科的。突然找到一枝刚开过的花，星形的厚萼片和修长挺直的花柱，让人立即意识到它与我在深圳红树林见到的千屈菜科（原海桑科）海桑属植物相关，甚至很可能是同科同属的。很快查出，它是八宝树（*Duabanga grandiflora*）。林草局后院还引种了许多宝贝，如豆科格木、龙脑香科望天树（*Parashorea chinensis*，小苗）、桑科见血封喉（小苗）、夹竹桃科（原萝藦科）南山藤（*Dregea volubilis*）、壳斗科湄公锥、樟科基脉润楠（*Machilus decuisinervis*）、夹竹桃科蕊木（*Kopsia arborea*）、茜草科大叶钩藤（*Uncaria macrophylla*）、木兰科合果木（*Michelia baillonii*，据 FOC）、红厚壳科（原藤黄科）滇南红厚壳（*Calophyllum polyanthum*）、红厚壳科（原藤黄科）铁力木（*Mesua ferrea*，嫩叶粉红）、檀香科檀香（有花有果）、唇形科（原马鞭草科）柚木、葡萄科勐海葡萄，还有樟科的几种认不出属的植物。

豆科铁刀木，极为重要
的一种本土树种，傣语
称"埋其列"。2018年9
月29日于勐阿。

左上图 龙脑香科望天树，一种珍稀大乔木。此为幼树，能够看到纸质的托叶：卵形，基部抱茎。2018 年 8 月 17 日见于勐海县林草局。勐海县勐巴拉国际旅游度假区中也栽种了一些小树。

右上图 千屈菜科八宝树

下图 夹竹桃科（原萝藦科）南山藤

上图 叶下珠科木奶果

左下图 茜草科大叶钩藤，托叶深 2 裂。

右下图 叶下珠科木奶果叶的上面和下面。叶片纸质，倒卵状长圆形。侧脉每边 8 条，叶柄长 3 厘米。

壳斗科湄公锥（下）与红厚壳科滇南红厚壳（上）。湄公锥叶长205毫米，宽78毫米，有16对侧脉。滇南红厚壳也称云南横经席，叶坚纸质，长圆状椭圆形，基部下延成翼，叶柄长11毫米，叶长180毫米，宽44毫米。侧脉多数（达到百条以上），彼此平行，几乎垂直于主脉。

除了八宝树、湄公锥等，让我心动的竟然是茄科的树番茄，木本的茄科小树上吊着一串串光滑的橄榄球状果实，十分可爱。28日早市上，多处出售树番茄的果实，这种从南美洲引进不算久的物种看来很受当地人的欢迎。如果北京能种活，恐怕也会有许多人栽种。

勐海县城早市上本地物产十分丰富，有蛇菰科"回春草"（难以鉴定是哪个种，这名字迎合了某种需求）、红菇科多汁乳菇（*Lactarius volemus*，当地人叫奶浆菌）、茜草科白花蛇舌草（用于清热、消炎）、叶下珠科（原大戟科）木奶果（三丫果，买了3元钱的，品尝了一下，很酸）、百合科藠头、丝瓜、西红柿（多种）、食用双盖蕨（水蕨）的嫩尖、甜笋、烤笋、唇形科水香薷（*Elsholtzia kachinensis*，水香菜）、兰科白及假鳞茎（正好林海波先生向我索要此植物的照片）、茄科刺天茄（*Solanum violaceum*，细苦子）、鱼腥草、石蒜科（原广义百合科）宽叶韭（*Allium hookeri*，苤菜）、小米辣、大戟科木薯、某种石斛的茎、伞形科刺芹（大芫荽）、蔷薇科木瓜、多依果（后文详述）、野蜂蛹（带蜂巢的虎头蜂幼虫）、毛豆、伞形科卵叶水芹、豇豆、野蕉花、葫芦科小苦瓜、黄瓜（比北京的胖许多。勐海县还有一种刺较多、前端渐尖的野黄瓜，我没见到实物）、天南星科芋头、豆薯（*Pachyrhizus erosus*）、锦葵科秋葵、葫芦科佛手瓜（*Sechium edule*，洋丝瓜）、西番莲科百香果等。

仅仅来到一个新地方，或者故地重游，以及27日下午和28日一整天见到的若干新植物就令我如此兴奋，以至虽然困倦却难以入眠吗？

好像还有一件重要的事情：人象矛盾。27日下午在林草局二楼观看了无人机拍摄的一批画面，听专家介绍当地令人生畏的野象伤人、破坏庄稼并且记仇的故事。人与象的矛盾似乎不关乎植物，但实际上相关。野象觅食通道因修水库等受阻，人类过分的活动侵犯

左上图 豆科豆薯，2018 年 8 月 28 日于勐海早市。

右上图 石蒜科宽叶韭（苤菜）的根，在勐海的任何一处菜市场都能找见。根可以做咸菜。

下图 唇形科水香薷（水香菜），勐海极常见的一种调味蔬菜，通常生食。

了野象世世代代的领地，打乱了它们的生活习性。现在这群野象繁殖率相当高，充满破坏性，显得很异常。据了解，人象矛盾很需要动物行为学专家进行持续研究，与政府有关部门合作给出解决问题的可行方案，而不是在刊物上发表几篇论文了事。

我的任务不是看动物，而是在未来不到一年的时间内，写一本关于勐海植物的通俗读物并正式出版，读者对象是本地人、游客，包括植物爱好者。初拟了几个书名："勐海植物""勐海野生植物""勐海花开""勐海植物记"等。

书叫什么名字并不重要，问题是如何撰写。研读一批关于勐海植物的学术论文和专著，野外长时间实际考察勐海植被，实地拍摄一批照片，总结出若干"规律"，按教科书或科普书的模式，植物按"科"出场，一一介绍它们的分类学地位、长相、用途？选择哪些植物合适，能拍摄到它们的照片吗？读者会有兴趣阅读吗？

考虑再三，觉得还是以广义的游记体讲述更稳妥，毕竟这符合博物学的传统，对读者而言形式活泼，也有一定学术含量，读后可对勐海植物有直观的印象。决定采用第一人称的个人化视角，清楚叙述见到某种植物的时间、地点，读者将来有机会也可以亲自走一遍。物种选择的余地不是很大，因时间太短，不可能想找什么就能找到。但会尽量照顾到不同的"科"，种类太少、科太少肯定不合适。可能会多收入一些平时人们不容易见到的勐海本土植物，因为它们最能代表这块土地。全国、全球范围都容易见到、各种书刊中反复介绍的热带地区种类，则会有意忽略或不展开。另外，植物与当地人的日常生活密切相关，也要收录一些常见野菜、香料和经济植物。

2.2 两种附生蕨类植物

苏湖管护站院内种植了几株树番茄，一株较大，正在开花但无果，其余皆为小苗。嫩叶紫红色；萼片黄白色、半圆形，与白色菱形的花瓣相位错开36度。花瓣长度是花萼长度的5～6倍。花药上面乳白色下面黄色，约为花瓣的三分之一长，此时尚未展开，如黄色小南瓜表皮的纵棱一样紧紧抱着花柱。树番茄原产于南美洲，我原以为是近十几年才引入我国的，查资料发现，一篇1989年的文章说，在"云南腾冲已有60多年的栽培历史"（郑在声，1989）。也就是说，它进入中国约90年了。

2018年8月28日8点半迈出院子铁门。正好赶上红卫提着一袋刚拣的蘑菇回来，拣的都是奶浆菌。

割掉本土物种的草地上长出了著名的入侵种阔叶丰花草（*Spermacoce alata*），一种原产于南美洲的茜草科植物。花数朵丛生于托叶鞘内，花冠漏斗形，浅紫色，4裂。《中国植物志》未收录，FOC有描述，逸生地列有福建、广东、海南、台湾、浙江，生长地海拔在100～800米以下，没有提云南。而此地海拔在1800米以上。

茄科树番茄。果2018年8月27日于勐海县林卓局；花8月28日于苏湖管护站。

到数据库查了一下，十年前已有人撰文《滇西南蔗区新有害生物：阔叶丰花草》，文章以这样的句子开头："阔叶丰花草主要在夏秋季节危害农作物，具有惊人的繁殖能力，其幼苗一旦长出即迅速生长，并很快形成很大的种群，对作物尤其是作物的幼苗造成很大的危害。同时，它还能在其生长的环境中分泌一种有毒物质，抑制其他种类植物的生长，从而达到快速扩张和群集生长的目的，因此，一些植物学者或专家形象地将其称为'草中鲨鱼'或'绿色植物癌症'。"（杨子林，2009）研究表明，此植物即使是在较低的光照强度下，也有较高的产量，这表明阔叶丰花草对光照强度的需求范围较为广泛（曹晓晓等，2013），这也增加了防控的难度。

阔叶丰花草会自己跑到中国来吗？文献记载，阔叶丰花草1937

年作为军马饲料被引进广东等地，20世纪70年代又作为地被植物而广泛栽培。现已经成为华南地区常见有害生物而入侵茶园、桑园、果园、咖啡园、橡胶树园以及花生、甘蔗、蔬菜等旱地作物地，给当地的农业生产造成了巨大损失。（高末等，2006）

出门见到的第一种植物竟然是入侵种，不是好现象。俯身摘了几株，叶下面还挂着一只蝴蝶的蛹，大概是苎麻珍蝶（*Acraea issoria*）。

附近开蓝花的第二种植物，远远看去似乎也不是本土种。仔细一看，原来是菊科蓝花野茼蒿（*Crassocephalum rubens*）。一只蝴蝶正在上面采食，我以为是报喜斑粉蝶，李元胜说是红腋斑粉蝶（*Delias acalis*）。9月4日在勐海县城东的曼板村边拍摄一只金斑蝶时，再次见到蓝花野茼蒿这种入侵种，它与白花鬼针草一起生于街道边的草地上。

苎麻珍蝶的蛹挂在入侵种阔叶丰花草叶的下面，2018年8月27日。

《中国植物志》同样未收录蓝花野茼蒿，不过FOC有描述：原产于非洲、也门、印度洋岛屿。在中国的入侵地只列了云南，但我估计用不了多久它就会遍布中国南方各省。此植物跟开红花的野茼蒿（*C. crepidioides*）一个属，只不过野茼蒿很早就来到了中国。我多次吃过野茼蒿做的汤，甚至亲自做过，味道很好。野茼蒿也叫革命菜，意思是在艰苦的岁月里它为人的胃口做出过贡献。估计蓝花野茼蒿的幼苗也可食。对这类入侵种，不吃，留着它们干什么！但愿人们还能发现其他更好的用途，以抵消"殖民者"对"殖民地"生态的破坏作用。

有人认为不要指责外来种，不要污蔑杂草，就像不要歧视外来游客、移民和下层百姓一样。没有外来种，我们能吃到小麦、花生、茄子、玉米、西红柿（番茄）、土豆（阳芋）、地瓜（番薯）、夏威夷果（澳洲坚果)? 我想，这种"左派"心情可以理解，但不能混淆概念。外来者米到某地，存在一个3S的量的问题：1. 数量（S）如

左上图 入侵种蓝花野茼蒿

左下图 红腋斑粉蝶落在蓝花野茼蒿上

右下图 金斑蝶、白花鬼针草、蓝花野茼蒿"同窗"，2018 年 9 月 4 日于勐海镇东的曼板村。

何？即每次来多少个？2.待多长时间（S）？十天还是半月、一年、永远？3.入境、过境的速率（S）或者频次如何？这跟申请签证时涉及的内容差不多。如果大量物种短时间内涌入，并且赖着不走，当然会对本地物种造成麻烦，超过一定限度，就是入侵。植物入侵跟殖民入侵、军事入侵性质是一样的。中国可能欢迎世界各地的游客来观光，勐海也欢迎，但是呼啦啦都来了且长期定居，喧宾夺主，谁也受不了。植物入侵，有自然的和人为的，通常是人为造成的。完全杜绝，不可能也不必要。防范也有办法，最主要的是提升领导、有钱人、专家的审美能力和法律、伦理意识，热爱家乡，努力培养"本土种好且美"的观念。人为引入外来种时要有风险意识，应建立责任追究机制。

两种外来种生长的杂草地上，扔着一枝从树上折下来的长满黑果的樟科木姜子（*Litsea pungens*），果粒圆润、饱满，随便丢在草丛中实在可惜。这个倒是我极喜欢的本土植物。木姜子果实是美味调料，含柠檬醛、香叶醇，是辣椒、姜、葱之外我最喜欢的佐料，只是在北方极难获得。第一次吃到它也是在云南，那是2005年在景谷

左图 折枝后扔在草地上的木姜子。于苏湖山顶。

右图 尚未成熟的木姜子果。于勐海北部的蚌岗山顶。

县芒玉大峡谷，把木姜子用作鸡肉的蘸料；再后来是在湖南新宁八角寨，还采了一些带回北京。不过，干燥后的果实气味变淡，远不如新摘下的青果、黑果。

20米长的水泥斜坡连接管护站大门与山梁上的一条蜿蜒小路。小路旁有蔷薇科乔木多依和长满附生蕨类植物的壳斗科大树。关于多依另节专门讲述。

细看，大树上附生的较大的蕨类植物有两种，后来发现它们在贺开古茶园中也常见。第一种叶两型（生殖叶一回羽裂），以前在湖南崀山见过槲蕨属（*Drynaria*）的槲蕨，这个与它有点像，但可能不是一个种。另一种叶多回羽裂，远远望去至少大于三回，只知道是骨碎补科的，哪个属不清楚，也不记得是否见过。实际上，记不住跟关注程度、认知水平有关。心不在焉或基础太差，则见到与未见到没有区别。用了三个小时比对数十张照片和植物志的描述，加上野外观察，得到下面的结果。

第一种蕨为水龙骨科槲蕨亚科（据PPG）石莲姜槲蕨（*Drynaria propinqua*）。首先是叶两型。不育叶阔卵形，羽状深裂。能育叶半米左右，裂片大小近似相等。据此可排除同属的小槲蕨，因为它只有能育叶。其次，能育叶裂片数相对少，8～12对。而中华槲蕨、川滇槲蕨、毛槲蕨裂片均大于或等于15对，硬叶槲蕨更达30～40对，显然这四种都排除在外。第三，孢子囊群靠近裂片中肋着生，每侧各排成整齐的1行，在裂片上呈双行结构。据此可明确排除栎叶槲蕨、槲蕨、团叶槲蕨，因为这三个种孢子囊群散布面较大，不呈整齐的双行结构。

第二种蕨为骨碎补科细裂小膜盖蕨，原来学名写作 *Araiostegia faberiana*。若采用PPG提议的小属方案（刘冰等，2018），用钻毛蕨属（*Davallodes*）合并假钻毛蕨属（*Paradavallodes*）和小膜盖蕨属（*Araiostegia*），细裂小膜盖蕨的学名理论上应当变为 *Davallodes faberianum*。但是关于属名的性有一条规则（Stearn, 2004：257）：

左页图 水龙骨科石莲姜槲蕨附生在大树上，叶两型。于苏湖山顶。

左上图 石莲姜槲蕨已经变干的不育叶。于苏湖山顶。

右上图 石莲姜槲蕨新长出来的"脚"（龙骨，根状茎），能同时看不育叶和能育叶。

下图 逆光看石莲姜槲蕨叶的布局和叶下面孢子囊群的分布。

-odes 和 -oides 结尾的都视作阴性而不是中性（但也有例外，如 *Santaloides* 仍然是中性），于是正确的学名是 *Davallodes faberiana*。在国际植物名索引网站（IPNI.org）查了一下，实际历史上本属的命名并不满足一定的规则：比如可同时找到 *Davallodes borneensis*，*Davallodes grammatosorum*，*Davallodes hirsuta*，*Davallodes membranulosa*，*Davallodes urceolata*。各种形式都有！ 如果采用 PPG 提议的大属概念，用骨碎补属（*Davallia*）合并小膜盖蕨属、钻毛蕨属（*Davallodes*）、阴石蕨属（*Humata*）和假钻毛蕨属，细裂小膜盖蕨的学名应是 *Davallia faberiana*。

细裂小膜盖蕨附生于树干上，四回羽状复叶，末回小羽片有羽裂，或者按《中国植物志》的说法为五回羽状细裂。其中一回羽片 12～15 对，第一对通常对生，其余的互生。具体参见《云南植物

左图 骨碎补科细裂小膜盖蕨附生在大树上。于苏湖山顶。

右上图 细裂小膜盖蕨的根状茎

右下图 细裂小膜盖蕨叶的下面，注意四回羽状复叶的结构。

志》21卷第258页细节图。鉴别蕨类植物有一绝招：大类符合后，关键看末回羽片的结构及附近孢子囊群着生的相对位置。如果这一项不符，其他项符合也没用。

搞清楚一株树上附生的两种植物就用了这么长时间，我一天拍摄的植物那么多，得用多长时间才能完全搞定？估计得两个月，而且有些种类短期内不可能搞清楚，因为在鉴定的过程中一项一项比对时才发现，有的关键特征当时拍摄时没有注意或者拍摄得不够好，特别是由于季节问题或者植株选择问题，有些特征根本就不在现场，当时个人在野外再努力也没用。那么，能不能事先准备？可以部分做到。如果对于某一类植物的鉴定积累了足够的经验，在野外拍摄时就会格外注意若干特征，把相关的特征拍好。但十全十美，恐怕做不到。补救的办法是，下次再来看！

苏湖蕨类植物很多，再列出四种。前三者较大，后者较小。

第一种为碗蕨科蕨属毛轴蕨（*Pteridium revolutum*），《中国植物志》称云南蕨（*P. yunnanense*），高约1米，嫩叶可食。见于苏湖比较开阔的山顶空地，成片生长。第二种为金毛狗科（原蚌壳蕨科）金毛狗（*Cibotium barometz*），一种比较高大的蕨类，叶一般斜升。根状茎卧生，粗大，叶柄棕褐色，基部被一丛垫状的金黄色茸毛，毛长达12厘米，有光泽；刚发出的嫩叶基部金毛更明显；叶片较大，长达180厘米。见于林间单侧透光、通风处。9月30日在勐阿以北接近勐海县北部边界的路边再次见到，后来在南糯山、曼瓦瀑布也见到。第三种为乌毛蕨科狗脊（*Woodwardia japonica*），就长在金毛狗边上。它长什么样以及为何取了这样的名字，将在后文介绍。到了南方，无论如何，金毛狗和狗脊这"二狗"是一定要认识的。第四种为肿足蕨科大膜盖蕨（*Leucostegia immersa*），土生或附生，根茎粗壮横走，叶疏生；叶柄长20~35厘米，禾秆色或棕色，无毛；叶片长三角形，三回羽状；孢子囊群位于近裂片基部上侧缺刻处，着生于小脉顶端，囊群盖椭圆形或肾形。

左页图 细裂小膜盖蕨叶下面有羽裂的末回小羽片。注意孢子囊群的位置和形状。

右上图 碗蕨科毛轴蕨的嫩叶，于苏湖山顶。在勐海分布极广，是荒坡上最常见的植物之一。嫩叶可食，但口感不如食用双盖蕨（当地称水蕨）。

右下图 金毛狗科金毛狗刚发出的嫩叶。嫩叶被金色茸毛，长达 12 厘米。于苏湖林间小路边。

左上图 金毛狗叶的下面，2018 年 8 月 28
日于苏湖。

右上图 金毛狗嫩叶，2018 年 9 月 30 日于
勐阿。

右下图 肿足蕨科大膜盖蕨，2018 年 8 月
28 日于苏湖山顶。

右页图 金毛狗，叶的上面，于勐阿。

2.3 湄公锥、思茅锥和大果青冈

2018年第一次到勐海，在林草局的后院就接触了壳斗科的一种著名植物湄公锥（*Castanopsis mekongensis*），舒展的大叶子给我留下了深刻印象。但那里是栽种的，生长于勐海县城中，像广告中性别模糊的小男孩，粉嫩得不真实。而深山老林中生长的，面貌完全不同，沧桑写在叶上，虽然仔细看叶的结构是一样的。

到了苏湖管护站，出了大门，除了蔷薇科多依和几种蕨，立即被无数的湄公锥大树吸引住了。从树干看不出什么名堂，看树下的落叶是个好的切入点。在随后半年多的观察中，一点一点确认湄公锥的魅力在于叶和坚果。后来在贺开古茶园也看到许多湄公锥。

湄公锥是勐海林区最重要的乔木之一。其坚果可生食，味道甜

左图 苏湖林中湄公锥的成熟叶。注意：结果枝条上的叶会比这个小很多，有时只有这些叶片的1/3大小。2018年8月28日。

右上图 在苏湖林下找到的湄公锥干叶，此为叶的下面（背面）。

右下图 在苏湖林下树叶中找出来的湄公锥坚果，刺苞已被剥去。

勐海县林草局后院中的湄公锥新枝
和嫩叶，2018 年 8 月 27 日。

美，在野外可充饥。在茶王节集市上我也见过成麻袋装的炒熟的坚果，本地老百姓称之为曼登果、野板栗。实际上它不是栗属（*Castanea*）的，跟茅栗、锥栗都没关系，只是总苞和坚果外表比较像。《云南植物志》称它湄公栲，把它放在栲属（现在称锥属），但《中国植物志》和FOC称之为湄公锥。此乔木有如下几大特点，记住了，走在勐海相当一部分树林中都会用上。

第一，在勐海分布极广，高达25米，通常是森林的主角。数量多少也是一个重要指标吗？当然。数量极少固然重要，显得此物种稀有、珍贵，极端情况下成为某地的濒危特有种；同样，数量极大也显得重要，这表明它在生态系统中扮演了重要角色，经济意义也可能重大。如果在野外想吃某植物的种子的话，数量少了没有意义，找坚果消耗的能量可能大于吃坚果补充的能量！而湄公锥的坚果从8月底就可以食用，虽然此时并未完全成熟，到了9月中旬就成熟了，一直可以吃到第二年的2月份。林区的湄公锥总会掉落大量果实，不过都包裹在带刺的总苞中。总苞像刺猬一样，很难对付，它是植物进化出来用于保护坚果不被随便糟蹋的部件。

左图 壳斗科湄公锥的结果枝，2018年8月28日于苏湖。

右图 湄公锥的枝、叶、刺苞和坚果，叶下面被绒毛但整体上为绿色。2019年1月3日于南糯山。

壳斗科湄公锥，2019年
1月3日于南糯山。

在野外如果没带专业工具，可以用鞋底在石头上揉搓包着坚果的总苞，不要在正中央用力，而是朝侧向发力，沿缝合线先把总苞撕开一个口子，坚果露出来一点，接着再踩掉散开的总苞，快速取到坚果。真的能吃吗？我吃过很多次，又脆又甜，没有其他怪味，确实是野外的好食品。坚果外有果壳，这个要用牙咬开，扔掉，我们要吃的只是果肉，即将来发芽的两片子叶。

因数量太大，松鼠是吃不完的，能发芽长出小苗的是极少数，绝大部分还是被地面上的微生物消化掉了，也有一部分被虫吃了。有的昆虫在湄公锥开花的时候就把卵产在其子房里面，随着果的长大，虫子也在长大。

第二个特点是总苞内只有一枚坚果，这也是一个重要鉴定特征。把坚果摆在平面上看，果顶部有刺尖，腰部的一圈是果脐分界线。整体上看果实像内蒙古草原上的毡房，但颜色为黄褐色、棕色。垂直坚果中轴观察，果四边形至圆形，直径22～25毫米，被黄褐色绒毛；果脐较大，约占坚果高度一半稍多，占面积三分之二。果仁具不规则的棱。无论《云南植物志》《中国植物志》还是FOC对坚果最大直径的描述一般为18毫米、15～20毫米，实际上不准确。我在勐海采集了大量坚果，极少见到直径小于20毫米的。

第三点是看枝叶。嫩叶基部有托叶。小枝幼时被黄褐色绒毛，叶全缘，革质，基部宽楔形至圆形。叶幼时平展，成熟时向内收拢，在叶下面叶脉凸出。叶脉11～20对。不要小瞧了叶缘的性质，相当多壳斗科植物的叶缘都有锯齿，而湄公锥没有！仅凭这一点，就能排除一部分种。单纯看刚长出来的幼枝幼叶，容易上当，以为与木兰科、桑科有关，这时候要立即核对树上的老叶及地面上掉下来的上一年的叶子，也可以用手掐一下看是否有白浆。确定科属更关键的方法是看地面上能否找到带刺的总苞。

有这三点，在众多壳斗科植物中不难分辨出湄公锥。勐海也分布着思茅锥（*Castanopsis ferox*），FOC称思茅栲，能长到20米高。

它的叶和果与湄公锥的有些相似，但略小一点。两者的叶均全缘。思茅锥的叶基部偏斜，宽楔形，整个叶片显得更修长。思茅锥叶上面和下面差别巨大，下面灰白色；而湄公锥的叶下面虽然有淡黄色或灰黄色的绒毛，但整体上看仍然呈鲜绿色。在野外，如果不是有意识地拍摄壳斗科植物叶的背面和总苞刺的结构，以后鉴定就缺了关键的特征，根本无法定种。为了补上有这些特征的照片，可能要重走一趟。多花钱不说，也累得慌。此外还得记性好，否则回去也找不到原来那株了。结论是，在野外拍摄要按程序来：远景、近景、叶上面、叶下面、基部和叶尖特写、托叶、刺苞、种子等，每样至少拍摄一张。

Castanopsis 属之中文名，《云南植物志》《中国植物志》和FOC分别称栲属、锥属、锥栗属，实在是折腾读者。FOC 对此属下的物种一会儿称某锥一会儿称某栲，还有更绝的：写栲而标音为 zhui！在古汉语中何谓栲呢？《尔雅》说栲为山樗；郭璞注：栲似樗。《植物古汉名图考》说栲为省沽油科的野鸦椿，根据的是《本草纲目》中的一句"山樗名栲"。所有这些，只能听听罢了，不靠谱。传统的考证，经常会进入死循环。

顺便提一下几天后在勐海镇东北部勐宋乡蚌岗管理站见到的壳斗科另一种植物：大果青冈（*Cyclobalanopsis rex*），其坚果巨大得吓人。

大果青冈之坚果扁球形，直径达 55 毫米，可谓巨大，比大个的板栗还要大。从坚果底面看，像一面小黑鼓。但蚌岗的护林员告诉我它并不能食用，有点可惜。但人不能吃，不等于其他动物不可以吃，更不等于无用。大果青冈的坚果有观赏价值，可作工艺品展示，用于植物课教学也很不错。

如果湄公锥坚果能长这么大，世界粮食问题就解决啦！不过说真的，勐海县可考虑，把湄公锥（及同属的其他植物）作为一种特种粮食或坚果开发。

2.4 降香黄檀小苗

苏湖树林空旷处、林缘、路边经常见到一种非常特别的豆科植物小苗，通常 50～120 厘米高，奇数羽状复叶。后来在勐遮、勐阿、勐往也经常见到，一般是以新栽的行道树形式出现，有时也在寺院周围出现。

栽种的植株尚矮小，生长速度缓慢，看着整体上并不活跃，根本谈不上枝繁叶茂。客观地说，把它用做行道树并不算理想。因为它经常结满了长圆形的荚果，种子通常只有一粒；荚果也不美观，很像封装的药片，且表面有麻点。

它就是大名鼎鼎的国家二级重点保护植物豆科的降香黄檀（*Dalbergia odorifera*），《中国植物志》称其"降香"，FOC又改为"降香黄檀"。它另一个更响亮并能燃起发财梦的名字是"海南黄花梨"，在家具市场和手串市场轰动一时。圈内玩红木、硬木的人士，还简称它"海黄"，以示熟识和亲切。其傣名为"埋尖亮"。其他俗名有母梨、油梨、花榈、香枝、花桐。海南岛东西部自然条件不同，同一种植物的品质也有差异，还可细分出糠梨、油梨和紫油梨。当然，这些跟蔷薇科的梨统统没有关系。同一根木材，也要分心材和边材，前者更值钱。

据媒体报道，中国科学院西双版纳植物园内一株生长了半个世纪的降香黄檀2015年10月10日夜间被盗。它生长在古树名木园区，位于植物园的核心位置，安保较为严密，仍然不幸殒命。降香黄檀曾卖到300万元一吨，据说此次植物园内被盗的降香黄檀价值数百万元。实际上在这之前的2011年，广东华南植物园也发生过类似案件。广州天河区法院一审以盗窃罪，判处两名主犯有期徒刑12年，另一人获刑11年，均并处罚金。

无用之材，"不夭斤斧，物无害者"，可有用之材就活该被人滥伐？长期以来的片面宣传和变态的消费习惯，让许多物种遭殃。人面对自然，应当有所节制；红木爱好者、博物爱好者，要培养高雅情趣，更要讲伦理讲法律。

海南黄花梨是一种极优秀的植物，这毫无疑问，比如油性足，芳香，耐磨，有"鬼脸儿"，但是不能神化它，更不宜片面宣传靠它发财。黄檀属在全球约有110个种，中国就有29个种，其中14个为特有种，降香黄檀就属于这14者之一。它的主要分布地为福建、海南、浙江，但近些年在广东、广西、云南、海南有大量栽种，福建和浙江也有引种的。根据植物志，在勐海黄檀属分布有6个种：滇黔黄檀、多裂黄檀、多体蕊黄檀、斜叶黄檀、大金刚藤、黑黄檀。《云南植物志》还提到高原黄檀，但FOC未承认。这么多黄檀属植

上图 降香黄檀小苗，2018 年 8 月 28 日于苏湖。

下图 结了许多果的降香黄檀，2018 年 9 月 29 日于勐阿。

物并不包括前面提到的声名显赫的降香黄檀。也就是说，在勐海城市路边容易见到的海南黄花梨，都是从苗圃中移栽过来的。

勐海县林业技术推广站曾从海南引种降香黄檀，开展育苗技术研究，总结出一套繁育技术方法。在种子变为黄褐色时采摘、晒干，揉碎果皮、取出种子。播前用清水浸泡 24 小时，均匀撒播在苗床上，覆以稻草。约 20 天开始发芽，等长出 3～5 片真叶时撤去稻草，适当施肥。降香黄檀小苗主根发达，侧根较少，可采取切主根的办法，促进侧根生长。为提高成活率，待长到 15～20 厘米高，可将幼苗转移到营养袋中培育，长到 30 厘米时便可出圃定植。（许国云、段宗亮，2014）

通过组织培养也可以快速繁殖无性系苗木，其中关键步骤是消毒灭菌、选择合适外植体。造林时不宜植纯林，而宜选择伴生树种一起栽种。据研究，可与柏树、杉木混交造林。（高媛等，2017）

2.5 多依与多依属中文名修订

苏湖管护站大门口生长着一株多依，树上结了许多类似小苹果的果实。一看就能猜出它是蔷薇科的。后来才感受到，这种植物对勐海极为重要。再后来，决定在专业期刊《生物多样性》上发表文章，呼吁更改它的中文属名。植物学界应当用勐海百姓熟悉的名字称呼这个属的植物。

1969 年从上海黄浦区来到勐海县插队的初中生"知青"施荣华（后来成为云南师大艺术学院的教授、院长）在回忆录中写道："山上有许多野果子，有一种外表像小苹果的果子叫'酸多依'的，只要你吃一口，那种酸

苏湖管护站门口的蔷薇科多依，2018 年 8 月 28 日。

劲足可以破坏你的整个味觉系统。有时你的好奇心会［让你］随手摘上一颗，咬上一口，那浓烈的酸劲一辈子都不忘却的。"（岩温主编，2010：34）

在勐海，几乎没有人不知道多依果，在9月和10月，早市上到处都有出售此野果的。当地百姓还把它加工成各种食品，比如煮熟吃或者做成果干。后来在打洛还专门吃过一盘"舂多依"傣族菜。

我国云南、四川、贵州都分布着有开发前景的蔷薇科 *Docynia* 属乔木，结实率非常高，果实类似小苹果，有不规则的钝棱。此属全球有5种，中国有2种（最近又有人发表了一个新种，未证实）。这个属的中文名用了很孤僻的汉字：榅桲。《中国植物志》在脚注中标出此中文属名来源于《中国种子植物科属辞典》（1958年），其他异名有：多胜属、榅桲属。这两个字如何发音呢？许多人未必能读对。

第一个字"榅"显然极不常用，它只有一个音 yí，没有 duō 的音。第二个字"桲"读作 yī，一般的输入法根本无法输入，目前许多计算机字体（如 Word 的宋体）也缺少相关字模。《中国植物志》及 FOC 中都用了很别扭的造字，电子版甚至用"［木＋衣］"代表"桲"字。2016年第7版《现代汉语词典》在解释"榅"和"桲"两字时，都指向唯一的一种乔木"榅桲"，读音是 yíyī。也就是说，这个词是专门为这类植物造的。

但是 FOC 在标出中文字的读音时却这样写着：榅桲属 duo yi shu，榅桲 duo yi，云南榅桲 yun nan duo yi。显然，编植物志的学者不知道榅如何读。

《植物傣名及其释义》对"云南多依 *Docynia delavayi*"的解释是：麻过缅（ma-guo-mian）。其中麻是"果树"的意思，过缅是"生长在高海拔"的意思。（许再富等，2015：98）

《云南德宏州高等植物》对"云南榅桲"的处理是：桃榅桲、小木瓜、酸榅桲、酸多李皮、楂子果；ma gua (D)。接下来列出几种当

左上图 多依结实率很高，2018 年 10 月 2 日于贺松。

右上图 舂多依，一种傣家特色菜，每份 10 元。2018 年 10 月 2 日于打洛。

下图 茶王节市场上出售的多依果，2018 年 9 月 28 日于勐海县城。

地民族对此植物称谓的发音：me guang xi (J); mu guo shi (Z)。（刘世龙等，2009：384）其中 D 指德宏州傣族，J 指景颇族，Z 所指不明（可能指汉族。非常奇怪的是，此工具书并无体例说明，查遍全书都找不到对所用符号的说明）。

以上两者相比，傣族的发音相似，但略有不同。不同地方的傣语本来就所有不同。2018 年 8 月经实际调查，西双版纳勐海一带多处的傣族人和哈尼族人都非常一致地把这种植物叫作 duōyī，把它的果实叫作 duōyī 果。我们特意询问了当地林业部门的工作者，他们的发音也是 duōyī。

这就出现了明显的矛盾。鉴于"栘枻"这两个字极少用、易读错、也很难输入，为便于学习和交流，可考虑修订 Docynia 的中文名。在云南，普通百姓大多认识这个属的植物。综合起来看，有如下几种修改方案：1. 栘衣，读 yíyī；2. 姚姨，读 táoyí；3. 多衣，读 duōyī；4. 多依，读 duōyī。

四种方案各有利弊。如果要保持原来的发音，并与历史文献容易对应，可考虑改写作"栘衣"，但它与当地人实际的发音不符。如果延续现在民间的常用读法，可写作"多衣"或"多依"。如果从民族植物学的角度考虑，可写作"姚姨"，但是现在当地的民族也不再如此发音。我们比较倾向于从俗从简，照顾到现在普遍的读音，索性将错就错，写作"多依"，即采用第 4 种方案，与《植物傣名及其释义》用法一致。与《中国植物志》和 FOC 相比，相当于改正了读音，同时换了两个容易输入的汉字。希望下一版《中国植物志》能够采用"多依属"这一名称。

为何不彻底简单写作"多衣"呢？因为在云南"依"字用得更多；而"衣"容易造成误解，误以为不是根据发音而是为了表意。于是我们认为 Docynia 宜称"多依属"，Docynia delavayi 称"云南多依"，另一个种 Docynia indica 称"多依"。这样做虽然可能斩断了最初命名时与古代文化的渊源（其实，目前没有可靠资料可以证

多依的嫩果，2019 年 1 月 11 日于西定。

明"桫梾"与古书上的"桫"字有继承关系），但好处是与现在民间的普遍称谓相符，毕竟便于使用是命名的首要考虑。另外 duō 的发音与拉丁属名的起始部分读音相近，也便于记忆。这与物理学名词 turbulence 中文称"湍流"（王竹溪先生的贡献），有同样的效果。

在后来的调查中发现，勐海县南糯山有多依寨、西定乡有多依村这样的地名，并且确实与这种蔷薇科植物有关，这更说明修改属名是正确的。

2.6 苏湖的大藤子

苏湖山梁附近有许多大藤子，当地人称为"血藤"或者"鸡血藤"。叫这样的名字自然有相当多的道理：用刀割破外皮或者砍断藤蔓，立即会流出汁液，而且会迅速变红，越来越红，真的像血一般。社会上、网络上、中草药市场上叫血藤的东西有多种，看起来非常乱。有些人也浑水摸鱼。

民间说的"鸡血藤"至少涉及两科四属不同种类的植物。

第一类：豆科鸡血藤属（*Callerya*），有多种。羽状复叶，小叶数大于或等于 5，《中国植物志》中原来分在崖豆藤属的一部分在 FOC 中转到了此属。这类藤子大致可称为鸡血藤。后来在勐宋和贺松也见到这个属的植物。

第二类：木通科的大血藤属（*Sargentodoxa*），仅一种。3 出复叶，偶尔为单叶。这种植物只能称大血藤，不能叫血藤、鸡血藤。后来在南糯山见到。有一个小窍门，在没有花也看不到叶的情况下也能识别出木通科大血藤属（当然还要有其他限制条件），它的茎为左手性。手性是宏观上非常容易观察的稳定性特征，不需要等到开花时节。藤子截面有明显的木通科植物的特征，花纹呈中心放射状。

第三类：豆科密花豆属（*Spatholobus*），有多种。羽状复叶具 3 小叶，两侧的两个小叶自身左右严重不对称，3 小叶之间的缝隙也较大。豆荚中有一粒种子。茎之截面有同心圈层结构，并且通常是偏心或者找不到中心点，更形象地说，其截面很像切块的三文鱼肉！这类藤子可称为血藤，但不能称鸡血藤。那样会造成许多混乱。在苏湖、纳板河及勐阿管护站见到多种。

第四类：豆科巴豆藤属（*Craspedolobium*），仅一种巴豆藤（*C. unijugum*），叶3出，荚果内有种子3～7粒。多种植物志上均说此藤长3米，不准确，实际上可达5～25米！在民间，巴豆藤也称血藤。

苏湖这里的大藤子，主要是第三和第四类。

豆科密花豆属植物，据FOC中国有10个种！其中7个是中国特有种。密花豆属在云南共有8个种：双耳密花豆、变色密花豆、耿马密花豆、显脉密花豆、美丽密花豆、密花豆、单耳密花豆、云南密花豆。

左图 密花豆属植物的叶、豆荚和种子。一荚中只有一粒种子。2020年8月5日补拍。

右图 豆科密花豆属植物大藤子形成的独特景观

豆科密花豆属植物的叶
和嫩藤

　　豆科巴豆藤属只有一种，即巴豆藤。小心翼翼地爬上一株大藤，
折下两个长着颇长花序的顶枝。确认如下信息：1. 花期8—9月。此
时是8月29日，刚刚开始开花，估计持续至少两周。2. 蝶形花，紫
红色。2. 圆锥花序较长（20厘米以上）但疏散。3. 龙骨瓣（K）与
翼瓣（W）近等长。从花的侧面观察，外边是翼瓣，其上、下和前
端有时均露出龙骨瓣。在藤下，立即用卡片军刀解剖两朵花，又确
认如下特征：龙骨瓣（K）单侧有耳（a）；翼瓣（W）一侧有耳（b）
一侧有缺刻（c），也可以算作双侧各有一耳，翼瓣"基部上侧具1
圆耳，下侧具1长圆形耳垂"。为避免以偏概全，回到住地又在室内
解剖两朵花，特征稳定。第二天一早太阳出来，到院子里又解剖了

两朵，未见异常。采了标本，回到北京再次仔细观察，并绘制了示意图。

　　补记：2019年6月5日再次到苏湖复核这里的大藤子，发现一株正在开花。花序结构与前面描述的一致，也在枝顶，较为舒展，但花是白色的！综合判定，仍然是同一种植物。

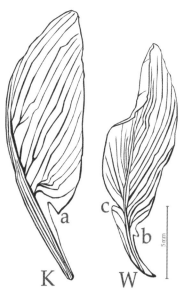

左上图 豆科巴豆藤，叶的下面。

右上图 豆科巴豆藤，花序（局部）。

左下图 豆科巴豆藤的叶和花。

右下图 豆科巴豆藤花之龙骨瓣（K）和翼瓣（W），前者稍宽且长。龙骨瓣单侧有耳（a）；翼瓣一侧有耳（b），一侧有缺刻（c）。2018年9月10日绘制。

本页图 兰科鸢尾兰属植物，可能是短耳鸢尾兰或勐海鸢尾兰。2018年8月28日于苏湖。

右页图 壳斗科植物树下的兰科芋兰属植物，有点像七角叶芋兰（也可能不是），此时无花，没法准确判断。2018年8月28日于苏湖。

2.7 非常不同的"兰"

名字带兰字的植物，未必是兰科植物，就像带"玫瑰"字样的植物也未必是蔷薇科植物一样。

西双版纳州有丰富的兰科植物，共有115属428种。（高江云等，2014：16）苏湖山上附生在树上的兰科植物也不少，但是在8月末的季节，它们基本上不处于花期，在林间并不显眼，也难分辨具体是什么种。

8月28日上午沿山梁扫山，让我印象深刻的第一种兰科植物是鸢尾兰属（Oberonia）的。单纯看叶，可能以为它是鸢尾科的。它生长在巴豆藤属大藤下的一段枯树枝上。叶近基生，二列套叠，两侧压扁。叶肥厚，剑形。花葶从叶丛中央抽出，长20厘米左右。从花的唇瓣为红色及叶形来看，可以肯定不是剑叶鸢尾兰、全唇鸢尾兰、小花鸢尾兰、条裂鸢尾兰、裂唇鸢尾兰、棒叶鸢尾兰。光线较弱，花又小，没有拍清花的结构，这给鉴定带来了困难。叶比较像红唇鸢尾兰，但花序长度不符。叶与密苞鸢尾兰的一致，唇瓣也是红色的，但花序结构对不上。花期与生境则与短耳鸢尾兰（Oberonia falconeri）相符。综合考虑，暂定为短耳鸢尾兰。也有学者认为，从照片上看可能是小叶鸢尾兰（O. japonica）或勐海鸢尾兰（O. menghaiensis）。说一千道一万，拍摄的信息不全，缺少清晰的花特写照片。

第二种兰科植物是芋兰属（Nervilia）的，从叶外形不容易看出它竟然是兰科的。叶1枚，一元硬币大小，有伞形科积雪草的模样。生长于壳斗科林下腐叶上，挖出来一瞧（瞧完之后又埋上），叶柄的下部左右各有一条横走的根，再下面是球形块茎，直径1厘米左右。由此判定是兰科芋兰属无疑。以前，芋兰属在中国产7种2变种，

后增至 11 种。2018 年又增加两种。一种为中国新记录种漏斗叶芋兰（*N. infundibulifolia*），一种为新种绿花芋兰（*N. viridis*）。（Tang *et al.*, 2018；Gale *et al.*, 2018）芋兰属植物挺怪，花叶不同时存在，有叶无花、有花无叶。此时无花。由叶的形状可初步判断，苏湖的这种有点像七角叶芋兰（*N. mackinnonii*），1902 年发表的新种，当时归在 *Pogonia* 属中。但也可能不是，因为此七角叶沿叶脉具紫色的条带，这样的叶型也有好几个种能对应上。有朋友开玩笑：等到开花，没准是个新种！如果我生活在勐海，做好标记，大概可以做到一直盯着它。

第三种也称作"兰"，却不是兰科植物，它是杜鹃花科（原鹿蹄草科）水晶兰属松下兰（*Hypopitys monotropa*）。这种多年生草本植物非常特别，腐生，呈 7 字形，高 10～20 厘米，全株无叶绿素。外表与普通植物都不同，与黄花列当倒有几分相似。在苏湖并不难见到，两天时间遇上三次，还见了椭球形的蒴果。这种植物是全球广布种，吉林、辽宁、山西、四川、云南、欧洲、北美都有分布。一

个月后，在勐阿管护站的思茅松林下又见到模样类似但不同属的水晶兰（*Monotropa uniflora*），全株白色。

2.8 山龙眼和三台花

8 月 29 日早饭每人仅半碗面条，对于北方人来说，这跟没吃一样。接下来几天确证，当地人早晨确实吃得很少。我也没客气，主动加了量。

八点半雾还没散尽，不能再等了。多带了一些水，决定立即出发，选择的仍然是昨天一早走的西南方向，计划走得更远一些。这季节一天当中多次下雨，趁无雨时得赶紧看植物。

苏湖的树林中壳斗科植物种类多、数量大，大树直径达 90 厘米，小树直径 10 厘米。大部分已结果，个别还在开花。又两次见到松下兰，有花有果。根据 APG，松下兰不再归水晶兰属，而是归一个新属松下兰属。也有人觉得这样做有些勉强。

走在南侧一个次级的平缓的山脊上，见到两株极像壳斗科的植物。叶较大，长达20厘米，整体呈V形；叶互生；叶脉黄色，通常分两级，一级侧脉5～8对，二级侧脉每侧6～8条。果实圆球形，直径35毫米，顶端有短尖。果实外表无毛，有一条腹缝线，靠近果柄部具不规则的棱；果实下部直接与果柄相连，并无果脐。果皮较脆，厚2毫米以上。咬开果皮，每果一粒种子，果皮分化不明显。胚珠顶部淡紫色，有不规则的十字碎裂纹理。种皮红黄褐色，光滑，无丝光。因为没有总苞，它不是栗属、栎属、锥属，甚至不是壳斗科的！那可能是哪个科呢？想了半天，猜测是肉豆蔻科风吹楠属或红光树属，但又马上否定。仔细琢磨果实的形状，想起夏威夷果，即山龙眼科的澳洲坚果（*Macadamia integrifolia*），叶缘波形，2011—2012年在夏威夷接触过。其实，勐海县也有栽种澳洲坚果，而且结实率不低，几天后的9月4日在国家易地扶贫搬迁试点的曼板村就见到了。2017年1月在巴厘岛的一家植物园另见过澳洲坚果属另一个种 *M. hildenbrandii*，叶轮生。这两种叶形均不符，但果实都太像了。于是初步猜测此种树是山眼科的，但不大可能是澳洲坚果属的。

山龙眼科澳洲坚果，2018年9月4日于勐海县曼板村。

我的尼康 D800 相机因充电器坏了，两块电池接近耗尽。幸好另带了一台富士微单 X-T2。这机器平时很少用，嫌它图像精度不够，其实还能凑合着用，此时抓紧用它拍摄果实和树叶。叶脉拍得很清楚，事后得知，侧脉数量恰好是分类的关键。

有人会说，有野外植物手册就好了。其实，按我的经验，野外没时间看手册。所谓的野外手册并非真是供野外看的，最好还是坐在室内看。认识的，不用翻手册。对于完全不认识的种，在野外翻手册不大可能快速翻到。对于吃不准的种类，野外看手册也解决不了问题。对于云南的植物，哪个手册能涵盖那么多种类？不过，对于勐海，好像还没有现成的本土植物手册可以利用。

几天后找了一个空当，用半小时终于确定它是山龙眼科山龙眼属的植物。根据叶的大小和果期判断可能是深绿山龙眼（*Helicia nilagirica*）。我咬了果中的种子品尝，没有特殊味道，但也绝对算不了好吃。干后，种子中的两片子叶极坚硬。特殊时候可用于充饥。后来在南糯山、滑竹梁子、贺开多次见到山龙眼属树木。

上图 山龙眼科深绿山龙眼的果序

下图 深绿山龙眼，叶的侧脉大致分两级。2018 年 8 月 29 日于苏湖。

10：15 离开山脊，朝东南方向下坡。远远望见一种长着巨大花序的植物，花序个头堪比桉桐，但颜色不一样。走近一看，是原来分类系统中马鞭草科大青属（*Clerodendrum*）植物，此属在 APG 系统下调到唇形科。花序上只有个别花还在开，大部分都已结果。叶三轮生，基部下延耳状抱茎。花冠 5 裂片最下面一枚蓝紫色，其余 4 枚近似白色。雄蕊 4，花丝弧形下弯，高于花冠裂片，而花柱更长更高，斜向上伸，柱头 Y 形浅裂。核果绿色，分裂为 1～4 个分核，成熟过程中变黑。

以前没见过这种植物，但因为特征实在明显，迅速查到是三对节的一个变种，《中国植物志》给出的名字为三台花（*Clerodendrum serratum* var. *amplexifolium*）。三台花这个名字非常形象，花序整体上像一个燃着几百支小蜡烛的大烛台，每一个小烛台像一个小酒盅，颜色淡粉，一律朝上。

在 APG 系统下，原大青属又分出三对节属（*Rotheca*）和苦郎树属（*Volkameria*）（Yuan *et al.,* 2010）。因此三台花这种植物的分类地位是唇形科三对节属，考虑词尾的变化，现在理论上其学名应当是 *Rotheca serrata* var. *amplexifolia*。分类学专家可以检查一下是否正确。

在三台花附近有唇形科（原马鞭草科）红紫珠（*Callicarpa rubella*），叶基部心形，偏斜，叶面有柔毛；聚伞花序。也有豆科猴耳环，光线较暗，拍摄效果不好。此植物较多，以后再拍不

迟。在豆科植物大藤下，见到堇菜科七星莲（*Viola diffusa*），叶柄具翅，叶基部明显下延；基出脉5条；叶边缘疏生流苏状齿。

接着，沿护林小道行走，再次见到深绿山龙眼，采了果实。

准备逆时针绕回住地，跟随护林员向东北方向下坡。路上见到蔷薇科、唇形科、远志科、野牡丹科、桔梗科、伞形科、豆科、仙茅科、菝葜科、姜科、五列木科、绣球科、大戟科、樟科、薯蓣科多种植物不提。大致能看出所在属，查到种需要许多时间。

蹚过一条小河，又开始上山。小路边有大量小个的美味蘑菇鸡枞花（不同于鸡枞），急着赶路，没有采。

路过东侧山脊鱼塘路口，见附近菊科肿柄菊（*Tithonia diversifolia*）泛滥，占满了山顶开阔地。它原生于墨西哥，广东、云南引种，现已是中国南方著名入侵物种。在勐海，路边遍地都是肿柄菊，已经影响到本土植物生长。这种植物十多年前我在广西大明山下见过。引进时，专家做了贡献；出了问题，似乎没人再理会。在植物界，这样的例子并不少，如互花米草、火炬树。等到出现严重生态问题，需要治理时，专家又会出场。也许其中就有当初的若干专家。

最后于 13 时返回住地，已经饿坏了。运气还好，刚进院子就下起大雨。

回头想来，这趟外出非常值。看到新植物总是件高兴的事。

吃完晚饭，发现钥匙锁在了屋子里！窗子也锁着，还装有铁栏杆。幸亏室内灯还亮着，从后面的窗口（在西侧）能看到钥匙放在室内最东边床头桌上。红卫有经验，立即找了一根长约 6 米的竹竿，端部用砍刀削出一个细尖；从窗口的护栏缝缓缓伸进竹竿，小心地挑起钥匙上的小环，顺利钓出钥匙！从发现问题到彻底解决，整个过程用时不到 10 分钟，堪称完美！红卫老家河南，来县委宣传部工作前曾是一名军人，接受过全面的训练，野外经验十足。

晚上报社记者通过微信采访我对《不自私的基因》一书的看法，以前我曾批评道金斯的《自私的基因》书名误导读者。

2.9 "能好怎"的姜类植物

闭鞘姜科闭鞘姜。于勐阿。

中国人做菜离不开姜。勐海多姜，现在就说说姜类植物。为何不说姜科或者姜目？前者太小，后者太大。其实想说的植物处在两个科中：闭鞘姜科和姜科。这两科原来都放在姜科，APG 把前者拿出来单列，但两者现在同处姜目中。姜目包括 8 个科：鹤望兰科、蝎尾蕉科、美人蕉科、兰花蕉科、芭蕉科、竹芋科、闭鞘姜科和姜科，前 3 科都是从国外引入的，后 5 科中国原来就有。

先说闭鞘姜科（APG），云南分布 4 种，勐海产 3 种，我见过闭鞘姜（*Costus speciosus*）和光叶闭鞘姜（*C. tonkinensis*）。后者地上茎螺旋状、花序从根茎基部抽出，前者茎直立、花序顶生，极易区分。两者苏湖均有分布。闭鞘姜容易与莴笋花（*C. lacerus*）相混，其实也好分，主要看花萼先端。花萼齿顶锐尖并且有尖头者为闭鞘姜，圆形者为莴笋花。

前两次到勐海考察姜科植物，见到如下种类。

圆瓣姜花（*Hedychium forrestii*），2018年8月28日苏湖。

舞花姜（*Globba racemosa*），8月28日苏湖。

滇姜花（*Hedychium yunnanense*），8月29日苏湖，9月28日曼稿。

草果（*Amomum tsaoko*），8月30日贺松。

喙花姜（*Rhynchanthus beesianus*），9月3日贺松。

多毛姜（*Zingiber densissimum*），9月28—29日曼稿。1月6日观果。

菱味砂仁（*Amomum coriandriodorum*），9月30日勐阿北部。

左图 姜科圆瓣姜花。于苏湖。

右图 姜科舞花姜

左页图 姜科舞花姜。于苏湖。

左上图 姜科滇姜花

右上图 姜科草果

中图 姜科草果

下图 姜科喙花姜

姜科多毛姜

　　滇姜花与草果药（*Hedychium spicatum*）同属，比较相似，但前者花柱更长。舞花姜的花极为特殊，过目不忘，也难以与其他种类混淆。

　　豆蔻属（*Amomum*）和姜属（*Zingiber*）内部各种间比较难分。好在豆蔻属我遇到的两个种特征差别较大，从株高和果实形状就容易区分。草果株高、果光滑较圆，菱味砂仁株矮、果有棱、长柱形。草果在勐海是一种重要的经济植物，在贺松一条山谷溪水旁有种植。8月底9月初正好果实成熟，鲜果收购价大约每千克30～40元。我曾两次到同一个山谷中观察，第一次没经验穿布鞋就闯进去了，鞋湿透并且蹭了一裤子泥。第二次专门从北京带来长靴子。网上购买的，打折后仅29元，除了有点味道外，穿起来非常管用。用后竟然不舍得丢弃，连同购买的参薯打包寄回了北京。想想真傻，快递费估计超过了29元！不过，以后还能用上。

姜属植物众多，全球约100种，《云南植物志》列有25种，其中野生的22种。此属中除了常见用作调味料的姜外，之前我只见过阳荷（*Zingiber striolatum*）和红球姜（*Z. zerumbet*）。前者2018年8月在成都参加第三届博物学文化论坛时，在白鹿小镇看过并吃过未开的花序，脆而清爽，后者在夏威夷和西双版纳的景洪见过。其他的种好像没见过，见过没认出来等于没见过。

　　在野外见到姜花属（*Hedychium*）植物，不能只顾着赏花和拍照，还要像昆虫一样吸蜜。摘下一朵花，放在嘴里吸。新鲜的姜花也可以直接炒食，许多年前吃过。味道嘛，你吃过就知道啦。

　　"无知"的草民，听说一种植物，通常会立即提出"能好怎"的一串问题："能吃吗？好吃吗？怎样吃？"通常会遭到讽刺。我原来也觉得讽刺得对。后来想了一想，发现不能这样看问题。人民群众不是植物学家和法律专家，他们有探究什么东西能吃的权利。这

左图 姜科阳荷。于四川成都白鹿小镇。

右图 姜科红球姜。于西双版纳景洪。

是人类生存的一种本能。凡是追究新见到之东西能否吃的人，不但不应当被批评，反而应当得到表扬！人类如今能有如此多的食物品种，超市、早市能见到那么多好食材，难道是上帝直接赐予的？显然是吃货们一点一点探究出来的。此时，草民从博物的角度，关心吃，是极正常的。应当提醒的只是不宜乱吃。要合法地、科学地、有道德地吃。对于法律、法规禁止吃的物种，不要吃；数量较少、有可能因吃而造成不利生态影响的，也不要吃。剩下的，干吗不吃？有毒的也吃？有毒的，借助于一定的加工手法，就没毒或低毒了，又可以吃。天南星科、毛茛科、薯蓣科、夹竹桃科、茄科、百合科的许多植物都有毒，但总是有若干例外，对于一些有毒的种类长期以来人类也琢磨出许多行之有效的去毒、减毒办法。

重点说说其貌不扬的多毛姜，它的模式标本就采自勐海。但《中国植物志》未收，FOC收了。这个种也比较特别，假茎相对矮，高仅40～70厘米。9月28日到勐海，正好赶上它开花，在曼稿思茅松林下见到许多。但是因为它的一朵花开放时间非常短，估计不到10 小时，我竟然没有拍摄到正在开放的花。花序倒是拍了不少。

中国科学院西双版纳热带植物园植物进化生态学研究组博士研究生范永立在其导师李庆军先生的指导下对多毛姜的传粉机制进行了细致研究，发现了一种新的次级花粉展示（secondary pollen presentation，简称 SPP）模式。（Fan *et al.*，2015）范永立的博士学位论文是《花药—柱头合作关系在姜科植物繁殖适应过程中的重要性》。（范永立，2015）

多毛姜花药上部连接花药处有一个伸出物，它是由药隔（connective）延长而成的钻状附属体，它包卷着花柱和花粉。这种雄蕊附属体是由雄蕊衍生出来的一个附属器官，普通花器官并没有这个东西，但自然界也有许多植物包含这类看似"冗余"的器官。范永立的研究表明，附属体能够操控传粉者（两种蜂）的行为，使传粉者采取有利于花粉散发和花粉接收的姿势访花、获取花蜜。如果摘掉雄蕊附属体，传粉者就可能改变访花姿势，通过偷蜜的方式来获取花蜜，于是花本身不能受益。研究还表明，雄蕊附属体对雄性功能（花粉散发）的贡献约 40%，对雌性功能（花粉接收）的贡献约 50%。这项工作还可以做某种引申：两性花植物花器官性别角色具有复杂性，传统的性分配理论（非雌即雄的二分法）有一定缺陷。

多毛姜雄蕊附属体的传粉功能，令人想起列当科马先蒿属的盔。马先蒿属二唇形花中，上唇的两个裂片对折在一起形成盔状，把雄蕊和雌蕊裹在其中，相当于支起一个条形棚子。盔的先端延伸成喙，扭曲成各种奇怪的形状，也是为了选择传粉者。植物的花器官可不做无用功，这些扭曲的盔和喙在传宗接代方面扮演了重要角色，它们在相当大的程度上控制着不同的传粉适应机制，既影响雄蕊对花粉的外传也影响雌蕊对花粉的接受。不同的昆虫只能选择不同的盔喙结构进行取食和传粉。马先蒿属与姜属此类器官起源不同，功能却相似。

2.10 蛇菰属、球兰属、芒毛苣苔属和薯蓣属

苏湖林地具有相当丰富的植物多样性，前面挑选几类加以描述，根本不足以表现其丰富多彩的植物种类。为弥补这一点，同时又避免篇幅膨胀，下面简列出在 8 月底比较有特色的若干植物。

蛇菰科印度蛇菰（*Balanophora indica*），根寄生植物，外表颇像菌类。块状根茎多个聚成一团，表面有星状疣突；茎伸长；鳞状苞片 8～11，覆瓦状；雌花序椭球形。蛇菰属植物常因其形象而被用作壮阳药，是否有道理，还需研究。8 月底苏湖壳斗科林地中常见，通常成片生长。

夹竹桃科（原萝藦科）琴叶球兰（*Hoya pandurata*），半灌木，附生于大树上，有乳汁。叶厚肉质，两面无毛，叶脉完全不显；叶长 50～70 厘米，宽 25～32 毫米，基部圆形，顶端急尖；聚伞花序伞状，腋生；花冠淡黄色，副花冠黄色，花中央部位红色。花极香，10 米远便可闻到。

苦苣苔科大花芒毛苣苔（*Aeschynanthus mimetes*），附生攀缘小灌木，茎圆柱形。叶对生，无毛，厚革质，基部楔形，全缘，叶脉

左图 蛇菰科印度蛇菰，生于苏湖南壳斗科林地。2018 年 8 月 28 日。

右图 从土中挖出来的印度蛇菰，用水冲洗过。

上图 夹竹桃科（原萝摩科）琴叶球兰

中图 琴叶球兰的叶和花。碰破的地方立即流出白色乳汁。

下图 大花芒毛苣苔花的剖面

两面不明显；花2～5朵束生于枝顶；花萼钟形，5裂约至花萼全长的三分之一；花冠红色、金黄色，外面密被短柔毛；雄蕊与花柱高伸出花冠。芒毛苣苔的花非常显眼，在此季节能调节森林单调的色彩。

豆科狭叶假地豆（*Grona heterocarpa* subsp. *angustifolia*），直立亚灌木。托叶有长尖，宿存；羽状3出复叶；叶下面被贴伏疏柔毛，叶全缘，侧脉5～7对；花冠粉红色，后变蓝色。

大戟科尾叶血桐（*Macaranga kurzii*），叶先端尾状，基部微耳状平截，两侧各具斑状腺体1个，叶全缘，侧脉9对；雌花序总状；蒴果双球形，具软刺。在勐海相似植物有若干，只有仔细观察叶的着生方式、花序和果实的形状，才能予以区分。

叶下珠科（原大戟科）黑面神（*Breynia fruticosa*），灌木，具红果，花萼宿存。

左页图 苦苣苔科大花芒毛苣苔

左图 豆科狭叶假地豆

右上图 大戟科尾叶血桐

右下图 叶下珠科（原大戟科）黑面神

薯蓣科丽叶薯蓣（*Dioscorea aspersa*），《云南植物志》称梨果薯蓣。叶下面带紫色，非常漂亮，称丽叶薯蓣似乎更合适。茎紫褐色，右手性，茎细弱。单叶，基出脉7~9，边缘的一对脉中途分叉。在勐海，薯蓣属植物极为丰富，通常辨识到属非常容易，但分到种就比较麻烦。

夹竹桃科萝芙木（*Rauvolfia verticillata*），灌木，聚伞花序；核果卵圆形，红色。根叶药用，民间用于治疗高血压。

爵床科红花山牵牛（*Thunbergia coccinea*），攀缘灌木。总状花序下垂，花冠红色。

菝葜科（原广义百合科）抱茎菝葜（*Smilax ocreata*），攀缘灌木。叶革质，叶基部两侧具耳状鞘，鞘外折，作穿茎状抱茎，有卷须；叶主脉5条。伞形花序单生于花序轴上。

左图 薯蓣科丽叶薯蓣

右图 夹竹桃科萝芙木

鸭跖草科细竹篙草（*Murdannia simplex*），多年生草本，蝎尾状聚伞花序，组成窄圆锥花序；花瓣3，分离，淡紫色，倒卵形；能育雄蕊2，退化雄蕊3。

茜草科白花蛇舌草（*Hedyotis diffusa*），一年生草本。叶对生，无柄，线形；中脉在叶上面下凹。全草入药，清热、利尿、治刀伤。

伞形科卵叶水芹（*Oenanthe javanica* subsp. *rosthornii*），粗壮草本。茎表面具棱，通常有紫黑色斑点；叶二回羽状分裂，茎、叶的下面皆有柔毛；伞形花序，伞辐12～20，小伞形花序上有花30余朵；花瓣白色，倒卵形，前端凹陷。勐海常见重要野菜之一。不同于普通水芹之处主要在于植株粗壮、较高、叶下面有毛。

五福花科（原忍冬科）珍珠荚蒾（*Viburnum foetidum* var. *ceanothoides*），常绿灌木，高1.5米。叶革质，基部宽楔形至圆形，先端短渐尖；侧

左上图 爵床科红花山牵牛

右上图 菝葜科抱茎菝葜

下图 鸭跖草科细竹篙草

| 103 |

左上图 茜草科白花蛇舌草

右上图 伞形科卵叶水芹

左下图 卵叶水芹的花

右下图 五福花科（原忍冬
科）珍珠荚蒾

脉每边3～4条；复伞形花序顶生，1级辐射枝6～7条，2级辐射枝4～5条，花果生于3～4级辐射枝上；核果近球状卵形，红色。

茜草科猪肚木（*Canthium horridum*），叶对生，有小刺腋生；叶长卵形，基部楔形，叶脉每侧3～5条；核果单生或孪生，圆形，直径2厘米。成熟的果实可食。这种植物通常为小灌木，但在苏湖却是小乔木，高4米以上。猪肚木在勐海分布较广，后来在勐往乡、勐遮镇曼瓦瀑布多次遇到。猪肚木种子形似猪肚，名字由此而来。

左图 茜草科猪肚木横伸的枝条，2018年8月30日。

中图 猪肚木果实及腋生小刺

右图 猪肚木在苏湖长成了小乔木

2.11 贺松草果谷的买麻藤和云南凤尾蕨

又下了一夜雨，今天是 8 月 30 日，7 点起床。向外望去，白茫茫的，似雾似雨分不大清。

今天就要离开苏湖，但出发前还要核实那种大藤子的花。未背相机，只带了卡片军刀，回到昨天爬树采巴豆藤花序的地方，现场重新解剖了三朵花。光线不好，为避免误判，又带回一枝，上面有花十余朵，等阳光出来坐到院子中再解剖。

雾散天晴，阳光刺眼。8 点左右吃早饭，十分钟解决问题，拉了一把椅子到院中继续解剖花并绘了草图。

上图 薯蓣科五叶薯蓣

下图 从苏湖管护站向西北方向下山，在半山腰看到的勐海县城。2018 年 8 月 30 日。

9：30 向西经帕宫上寨沿 Y006 乡道下山，中途停车。向北边俯望，正是勐海县城，城市四周的上空云雾缭绕。之字形盘山路上，杉木小树旁边见五叶薯蓣（*Dioscorea pentaphylla*），爬在一株茶树上。茎左手性，茎上有皮刺，小叶 5，上卷，近革质，叶脉 6 对，小叶全缘。新生茎叶淡黄色。珠芽直径达 3 厘米，表面不光滑。摘取珠芽解剖，多淀粉，略带紫色。与同属其他种的珠芽一样，非常抗晒，半个月后，依然结实未变软。需要谨慎的是，仅凭 5 个小叶并不能判定是五叶薯蓣，其他若干种也有 5 个小叶的，比如七叶薯蓣、小花刺薯蓣、高山薯蓣、吕宋薯蓣。反过来，五叶薯蓣植株的叶也未必只有 5 个小叶，只是通常有5叶，有时3有时7。根据《中国植物志》云南分布的薯蓣有31种，而《云南植物志》列出的有38种3变种。回北京后，在花盆中试种了五叶薯蓣的珠芽，长得非常好，小苗只具3小叶。

接近八家寨，在甘蔗田附近再次停车观景，见豆科的葛（*Pueraria* sp.）、荨麻科的红雾水葛（*Pouzolzia sanguinea*）、大麻科的山黄麻、蔷薇科的栽秧泡（*Rubus ellipticus* var. *obcordatus*）、禾本科的野黍（*Eriochloa villosa*）。红雾水葛是一种小灌木，云南全境都有分布，叶互生，基出脉3条，团伞花序腋生；茎皮和枝皮为优质纤维，可制绳索、编麻袋。栽秧泡此时虽无花无果，但在悬钩子属中易辨识。它是椭圆悬钩子的变种，在云南也称黄泡，其特征为羽状复叶通常3枚，个别5枚，最前端1枚较大，叶倒卵形，先端浅心形。栽秧泡的花，我要一直等到2019年1月在南糯山才能见到。这里风景不错，勐海县城就在远处的下方。野黍是一种极普通的野草，从黑龙江到云南皆有分布，谷粒可食。

左图 豆科葛属植物的花

右上图 荨麻科红雾水葛

右下图 禾本科的野黍

经过县公安局，沿双拥路进勐海县城，稍做停顿向西直奔贺松。

在勐遮，过了曼宰龙佛寺，K08 县道笔直通向西南方向，行道树有银桦（多数被截断）、火焰树（盛开）、喜树、桉树、降香黄檀（小树，很多），在曼来村转弯上山。在 21 千米处，柏油路面换成石块铺成的路面。公务车行在上面剧烈颠簸，心肝儿都快吐出来了。两侧植物十分丰富，有壳斗科、山茶科、马鞭草科、桦木科、蔷薇科的，找机会步行这段路仔细观察。这条路修得较晚，路面为何不用水泥或者沥青？第一还是钱不够；第二可能是当地人习惯了，觉得搪石路面耐用，坏了整修也方便，补一两块石头（某种砂岩）不是大工程。路虽然不宽，但边上留有排水沟。路面"超高"设计合理，如果"超高"不恰当，行车转弯时易翻车。过章朗村路口、勐海茶厂巴达基地入口，公务车继续颠簸前行，又行 5 千米，过了中午，在 43 千米里程碑处总算到了贺松村。

巴达林业站的杨先生骑摩托等在贺松村。我们一起往回走 2 千米，离开主路，向东南方向沿小路进入一条潮湿的山谷观察高大的桫椤。此谷无名，暂称草果谷吧。小路宽约 40 厘米，泥泞，鞋很快就湿透。开始时还注意保护鞋子，避免泥水直接进入鞋里。但是在跳过一条小溪后放弃了，因为溪对面看起来基底硬实，实际上吸饱了水分，踏上去鞋子很快就淹没于泥水里了。这不算什么，够劲的是树上会掉下来一种小蚂蟥，落到手上、脸上，最坏的情况是落到脖子上！这种水蛭科小虫子当然也不能把人怎样，"不咬人膈应人"，其实也叮人，一般不厉害，但也因人而异，有的人会发烧。在贺松、巴达一带看植物，这种蚂蟥是最令人不舒服的东西了。

小路旁的矮小植物多为楼梯草属、秋海棠属的。荨麻科楼梯草属暂不考虑。秋海棠科我国仅 1 属，秋海棠属（*Begonia*），在野外分到科也就相当于分到属了，真是太好啦。但是秋海棠属再往下分就麻烦了，云南有 93 种。这 93 种分列于 8 个组中。草果谷中有两种秋海棠，一个在扁果组，一个在无翅组。前者云南有 41

种，后者云南有8种。初步判断，草果谷中，属于扁果组的是红孩儿（*Begonia palmata* var. *bowringiana*），蒴果具不等3翅，翅边缘红色，翅1大2小，长度相差8倍。属于无翅组的是无翅秋海棠（*Begonia acetosella*，据FOC），果近球形，4室4棱，有短翅。无翅秋海棠在《云南植物志》中称果棱秋海棠，在《中国植物志》中称角果秋海棠。

五加科密伞天胡荽（*Hydrocotyle pseudoconferta*）连成一片，节上生根，分枝；叶多为七边形，5～7浅裂，裂片边缘每侧有3圆

上图 秋海棠科红孩儿，2018年8月30日于贺松草果谷。

左下图 秋海棠科无翅秋海棠

右下图 五加科密伞天胡荽

齿，叶基部心形，通常为尖 V 形；伞形花序，花序柄极短，近无柄。这个种实际上与天胡荽非常接近。也看到鸭跖草科竹叶子（*Streptolirion volubile*），这种草质藤本植物在北京昌平和延庆就有分布。茂密的树林中偶尔有几棵小茶树，高约 1.5 米，光亮无毛，可能是大理茶（*Camellia taliensis*）。遇到樟科钝叶桂（*Cinnamomum bejolghota*）3 株小树，叶较大，三出叶脉，本地名埋宗英龙。后来在贺松、南糯山、格朗和、勐往多次遇到钝叶桂。另外在此谷见茜草科 1 种（均有果）、防己科 1 种（有红果）、胡椒科 1 种、兰科 2 种，暂时无法鉴定到种。

草果谷中有小溪，溪边栽种了许多姜科草果（*Amomum tsaoko*），此时果实接近成熟，又红又亮，隐藏在高大的植株下面。草果为姜科豆蔻属植物，茎丛生，高达 3 米，果实是著名的调味料，在贺松多有种植。

桫椤属植物有高有低，高者达 8 米，低者仅 1.2 米。把桫椤属植物的叶翻过来观察孢子囊群的结构，确认就是桫椤科中华桫椤（*Alsophila costularis*）。其茎干下披残存的旧叶柄。二回半羽状复叶（二回完整的羽状复叶，末回羽片羽状深裂），羽轴及小羽片中肋下面有毛，孢子囊群圆球形，紧靠裂片中肋。如果羽轴及小羽片中肋下面无毛，植株相对矮些，则为桫椤（*A. spinulosa*）。

在草果谷行走大约 300 米，在地上陆续看到四种有趣的果实：第一种为买麻藤科买麻藤的球果。后来在滑竹梁子再次见到。买麻藤和香榧、红松、银杏都是著名的种子可食的裸子植物，前者木质藤本，后三者乔木。掉地上的买麻藤种子早就成熟了，外皮黄色，有些外皮已烂掉，露出纵向纤维包裹着的种子，样子极似棕榈科的某种小椰果。咬开一粒，确认是买麻藤科买麻藤属的。买麻藤的种子也叫木花生，炒熟后果肉黄色，类似银杏的白果。抬头寻找，共找到 3 株买麻藤的藤子，藤上有成串的青果。在林业站朋友的帮助下，从树上拉下来几串未成熟的果序，每串果序上有多枚种子。测

本页图 姜科草果的嫩花序

右页图 姜科草果的果实（8 粒，红色）、垂子买麻藤的叶和种子、大果青冈的壳斗（只有 1 个）、大果杜英的果实、五叶薯蓣的珠芽（11 粒），2018 年 8 月 30 日。

左上图 桫椤科中华桫椤

右上图 中华桫椤叶的上面

右中图 中华桫椤二回羽叶的下面。羽轴及小羽片下面有毛，孢子囊群紧靠裂片中肋。

左下图 中华桫椤二回羽叶的上面和下面对比

右下图 中华桫椤干枯的老叶，反折下披。

得种子长 2.8～3.5 厘米，直径 1.8～2.3 厘米，结合种子下垂这一特征，判断是垂子买麻藤（*Gnetum pendulum*），种子个头大于普通的买麻藤。《云南植物志》将其作为买麻藤的一个变型处理，《中国植物志》和 FOC 则将其提升为种。拾了约 100 粒垂子买麻藤种子，回到北京后用微波炉烘烤，很好吃。在勐海，垂子买麻藤种子较大，结实率也很高，可考虑栽种，像浙江的香榧果一样作经济开发。在新浪博客上见到"行香子"写的一则《买麻藤果实加工方法》。2019 年 2 月 9 日（大年初五）佐连江在微信朋友圈发出一组照片，包含烤竹筒饭、炒熟的买麻藤子、扫把草（仅有包含虫子的那一截），这证明在勐海买麻藤的球果确实已经被利用了。

上图 裸子植物买麻藤科垂子买麻藤

下图 壳斗科大果青冈的壳斗和种子

第二种为壳斗科青冈属（*Cyclobalanopsis*）的，深盘形壳斗非常大，为大果青冈。

第三种为杜英科大果杜英（*Elaeocarpus sikkimensis*）果实，始终未见植株，果实可能是远处的大树上掉下来的。大果杜英在勐海分布极广，后来在蚌岗、南糯山、滑竹梁子见到许多。基诺族作家张志华先生告知，当地人称它憨斑果，其红叶为憨斑红叶。勐海当地人也称它山桃。

第四种为壳斗科柯属（*Lithocarpus*），此属云南近 50 种，未见叶，从果实看比较像勐海柯（*Lithocarpus fohaiensis*）。勐海柯是云南特有种。此地值得再访，以确认遇到的究竟是哪个种。半年后重访，确认是勐海柯。

这里的芸香科植物除了三桠苦（高仅 1.5 米），还有飞龙掌血（*Toddalia asiatica*），总数不多。后者为木质大藤本。地表的老藤子表面长出许多"道钉"——许多小圆台，十分特别。叶互生，指状

3出；小叶无柄，用手揉搓有柑橘叶味道。这种植物从陕西秦岭南坡一直到海南都有分布。据说全株可用作草药，有小毒，活血化瘀，祛风除湿。后来在蚌岗和贺松再次见到。

五加科刺通草（*Trevesia palmata*）见到3株。茎疏生短刺；叶柄长约60厘米，叶直径40厘米，5～9深裂；伞形花序组成圆锥花序。

走出小道岔，品尝了附近的一种野葡萄。主道南侧靠近小路出口处有一株美丽的大蕨 —— 云南凤尾蕨（*Pteris wallichiana* var. *yunnanensis*），它是西南凤尾蕨的变种。丛生，叶柄长可达110厘米，栗红色；叶革质，三回深羽裂，叶柄顶端分为三大枝，侧生两枝再一次分枝，最外边的枝二次分枝，最终整个叶子上有7个主要分枝，中间3个稍长；在每一分枝上羽状复叶的小羽片深裂或全裂；孢子囊群着生于小裂片的两侧边缘。这种凤尾蕨最显著之处可能就在于叶柄的分枝过程。云南凤尾蕨区别于原变种之处在于：植株高达2米，叶柄及叶轴密被紫褐色节状刚毛，小

左页图 壳斗科勐海柯，叶的下面。叶柄基部枕状。

上图 壳斗科勐海柯标本，叶的上面和下面。

左下图 芸香科飞龙掌血的老藤子

右下图 飞龙掌血的细枝和叶

羽轴下面也疏被紫褐色节状毛。补记：这是一种极具魅力的高大蕨
类，第二次到勐海时专门找到它重新拍摄了细节。

　　从小谷中走出，一直向西。下午 14：40 在 51 千米处到了巴达，
此地原来为乡的建制，据说现在降级了，什么都不是了。临街饭馆
的院子里植有一株佛手瓜，土塄边露出一条肥壮的白根，据说已长
了 4 年。主人竟不大相信它是外来种。这种葫芦科植物原产于美洲，
19 世纪传入中国。我第一次看到、吃到它是 2005 年在云南景东无量
山的一户山上人家，立即就喜欢上了。带了几只回北京，种在昌平，
并不成功，原因是光照周期不对。在北京疯长秧子，直到快下霜时

才开花，果子长到手指盖大小全株就被冻死了。顺便一提，北京各大饭店出售的南瓜尖，多数并非取自南瓜，而是这种佛手瓜！

下午背上包拿了一把伞，穿过巴达村庄上山，翻过不高的山梁，沿山南侧一条路下行观察植物。中途下起大雨，在大雨中看到开红花的一种栝楼，无法判断是哪个种。傍晚返回巴达的小旅馆。龙头无花洒，灯无法彻底关掉，一闪一闪的，闪了一夜，蚊子颇多。

上图 云南凤尾蕨，叶的下面。

下图 云南凤尾蕨，叶下面近摄图。

凤尾蕨科云南凤尾蕨，西南凤尾蕨的一个变种。2018年9月1日于草果谷。

2.12 贺松连绵之雨：北酸脚杆和叶萼核果茶

8月31日大雾，能见度很低，一早从巴达返回贺松，因为巴达附近并无大的树林，观察植物还是在贺松比较好。九点半下起大雨，到贺松则罗书记家住下。两层的房屋是2005年盖的，柱子由壳斗科植物做成，十分结实。则书记家位于公路北侧靠西一边，距离道路有40多米，这里地势较高，能俯视全村。路口则家东边是另一家的茶叶初加工塑料大棚，一共两层，一层西侧设有三个炒茶灶，铁锅大约以40度角斜放。

则书记人高马大，与当地的其他人明显不同；讲话速度稍慢，彬彬有礼，嗓音有磁性。书记非常热情，为我沏了自家产的普洱茶。让我在生茶和熟茶中选。我选后者，前者茶碱重喝不惯。"刘老师，你就把这当成自己的家！"他指着巨大的樟树茶台说，"我不在家时，你要喝茶可以自己煮，生茶、熟茶都有。"今天工作组来乡里检查，则书记得向上级领导汇报工作。吃过午饭，雨稍变小，但没有停下的意思。"晚饭可能是6点、7点或者8点，你不要着急。"则书记对我说，意思是下午的空余时间不好事先确定。

半小时后雨仍下个不停，不想耽误时间，顶着小雨沿一条小路穿越树林上南山。一小时后到了半山腰，雨越来越大，雨伞已不管用，全身差不多都已淋湿，只好返回。见鸡嗉子榕、钝叶桂、多依、

阴雨绵绵的贺松。2018年8月31日。

大果杜英、大戟科斑籽木（*Baliospermum solanifolium*，据 FOC）、秋海棠属、竹类、蕨类植物若干，不细说。比较有特点的植物 6 种，简记如下。

野牡丹科北酸脚杆（*Medinilla septentrionalis*），攀缘状小灌木，小枝圆柱形，无毛。叶对生，基出脉 3～5 条，叶脉在叶上面下凹。由聚伞花序组成圆锥花序，腋生，因通常有花 2～3 朵，个别有 5 朵，于是花序通常只显现为聚伞花序。总花梗、支序花梗长度接近，为 10～25 毫米；花梗长度 1～2 毫米；花瓣 4，紫红色；雄蕊 8；浆果坛形，未成熟时青紫色。

番荔枝科贵州瓜馥木（*Fissistigma wallichii*），《云南植物志》称光叶瓜馥木。攀缘灌木；叶近革质，长圆形，顶端圆形、钝形或短尖，基部圆形，叶下面灰绿色，两面无毛；侧脉 12～17 条，在叶上面凹陷、在下面凸起。幼叶可见网脉，成年叶网脉几乎看不到。根

据叶顶端形状和叶背面颜色可判定不是凹叶瓜馥木。作为一种攀缘灌木，它的固定方式与牛拴藤科的植物类似，非常特别，展现了演化的智慧。

兰科长叶隔距兰（*Cleisostoma fuerstenbergianum*），叶肉质，细圆柱状。附生于树干上，已结出蒴果。之前在苏湖林中已经见过。

五列木科（原山茶科）柃属（*Eurya*）植物，枝条下垂，花序甚多，但很难确认是哪个种。在贺松一带这种植物非常多。

山茶科叶萼核果茶（*Pyrenaria diospyricarpa*，据FOC），叶纸质（并非植物志上说的薄革质），果皮薄而脆，未木质化，果实多汁，以此可区别于勐腊核果茶。种子很有特点：片状，长圆形，种皮坚硬骨质，与山榄科的种子有几分相似。补记：10月1日来此地重访，顺利找到，不幸的是又赶上大雨，照片质量不高。9月3日，在勐宋乡蚌岗管理站一条护林小道上又碰见叶萼核果茶，稀泥中落了满地

山茶科叶萼核果茶的种子和果

果实。那天晚上解剖了两种形状略有不同的果实，黑色的种子倒是差不多。FOC 对这个核果茶属的处理是：合并几个又拆开了几个，总数增加。《中国植物志》把原短萼核果茶、景洪核果茶、云南核果茶都并入叶萼核果茶，这倒是方便了读者。2019 年 1 月 10 日在勐宋滑竹梁子再次看到许多掉落的新鲜果实。这表明此种分布较广，果期较长。3 月 4 日重访蚌岗的那株萼叶核果茶，刚长出新叶，并且见到了带有叶萼的花序。

在 K08 路边，距则书记家不远处又见到杜英科植物，仅 3 米高，有蓝绿色的小果子，侧脉 8~9 对，初步判断为长柄杜英（*Elaeocarpus petiolatus*）。与山杜英相近，果实俗称都是羊屎果。

6 点左右则书记回到家中，亲自下厨做菜，让我觉得过意不去。晚上 7 点左右开饭，有香茅烤鱼、烤鸡、猪肉炒宽叶韭、炒甜笋、洋丝瓜（佛手瓜）汤、两种小咸菜、米饭。腌制的小咸菜中有一种呈淡黄色丝状，有葱味但耐嚼，原来就是石蒜科宽叶韭的根！第二天下午雨稍小时外出找到一株，拔出用水反复冲洗，根部的细节展现出来，与桌上的咸菜有些相似了，只是略白了一点，跟市场上的倒是一样。

饭后用尼康相机拍摄了长柄杜英的果实和叶萼核果茶的种子，

电池耗尽，网购的充电器还在路上。

天气阴沉，雨时大时小。哈尼族木质寨楼的楼梯靠南，主人家住二层西侧，东北角为我临时搭起一张床。二层"大厅"中间顶部有一盏节能螺旋状电灯。一男（6 岁）、一女（7 岁）两个可爱的孩子，在厅中玩着电子游戏。两米开外是一朝东开的小门（落地窗），直通二层阳台。台上放有储水罐。向外望去，由近及远是杨梅、一条深沟和村寨东侧的一角。为了保暖，我把门关紧，上了栓，二层大厅顿时暗了下来。感觉有点冷，不到 9 点我就上了床，身着 T 恤、衬衫、裤子，盖厚被，一点没觉得热，甚至还有点凉。头朝北，左手靠东墙，实际上只一层木板。

勐海的植物极为丰富，如何概括出规律（一般性），向一般读者展示呢？这几天一直在琢磨这件事。没有具体物种，即使概括出规律，对于普通人来讲也没用，不知所云。可是如果仅仅把具体物种一个个地展示出来，读者就认可吗？不喜欢植物或者对植物没有特殊情感的人，看着一个个摆出来的物种，能读上几页？不管怎样，这样一本书至少要展示 100 种以上勐海野外实际生长的本土植物，而且要照顾到尽可能多的科属。自然，书中的植物不能仅仅根据书本、论文、植物志，而必须是我实际看到、拍摄过的物种。

左图 杜英科长柄杜英

右图 杜英科长柄杜英，叶的上面。

用手机听了几首哈尼族歌曲（《花恋》《心的约会》《阿卡然明》《曾经诺言》《昨夜梦见你》）后入睡。

2.13 伞花猕猴桃、滇五味子及斑叶唇柱苣苔

9月1日早晨从则书记家借了一把大砍刀，以便林间考察时使用。则书记驾越野车把我向东送达指定的地点，我将从那里自东向西走回贺松，沿途可仔细观察植物。前天过来时在车上已经感受到这一带植物非常丰富。则书记非常体贴地告知哪段路有手机信号哪段路没有，有事或者累了可随时打电话，他将从贺松村过来接我。我知道不会有事的，况且还有一把大砍刀相伴，一天时间无论如何我能步行回村，不用接。

大约从里程碑35千米处由东向西，往43千米处的贺松村行进，所见特色植物依次记录如下。

首先是一种猕猴桃科植物，虽然以前没有见过，但科属不会出现任何问题。猕猴桃属云南有23种6变种，这里看到的是伞花猕猴桃（*Actinidia umbelloides*）。特点是枝浅褐色，具皮孔；叶坚纸质，基部楔形至圆形，两面无毛；浆果茶褐色，卵球形，无毛，具皮孔，直径15毫米。补记：此时未成熟，10月2日重访依然未熟。就在离伞花猕猴桃十几米处，又一种结果的藤本植物进入视野。远远就望

左图 猕猴桃科伞花猕猴桃，2018年9月1日。

右图 伞花猕猴桃果实切片

见一种五味子科植物，果序挂满了左旋的细长藤子。聚合果长穗状而非球状，可以判定是五味子属而不是南五味子属。五味子属云南有11种，根据幼枝有厚的纵翅，可以判定是滇五味子（*Schisandra henryi* subsp. *yunnanensis*），翼梗五味子的一个亚种，《云南植物志》称云南铁箍散，模式标本采自思茅，即现在的普洱。此时果实黄绿色，远未成熟，品尝了一下，不很酸，没有东北的五味子（*S. chinensis*）味重。滇五味子的雌花梗长达8厘米，是五味子的2倍。补记：10月1日重访此地，95%以上的果实已经熟透，呈鲜红色。这时候幼枝颜色变深，呈紫褐色，在与老枝相接的附近纵翅还在。

水龙骨科膜叶星蕨（*Microsorum membranaceum*）附生于大树树干下部。叶近生或簇生。中脉和侧面的叶下面凸起，孢子囊群橙黄色，散生于叶下面侧脉之间，像夜空中的星斗。

天南星科岩芋（*Remusatia vivipara*），块茎扁球形，紫红色，像红色的土豆。叶上面暗绿色，下面紫红色；后基脉交角小于50度。

天南星科山珠南星（*Arisaema yunnanense*），
《云南植物志》称山珠半夏。块茎近球形，淡粉
色。成年植物叶片3全裂。小叶片上的侧脉发达
但不直达叶缘，在叶上面下凹。

蔷薇科粗叶悬钩子（*Rubus alceifolius*，据
FOC），攀缘灌木。单叶，近圆形，基部心形，
3～7浅裂，裂片有不整齐粗锯齿；基部5出脉。
叶下面灰白色，密被黄灰色至锈色绒毛。聚合果
近球形，直径18毫米，红色，多浆可食。

蔷薇科锈毛莓（*Rubus reflexus*），攀缘灌木。
单叶，叶下面密被锈色绒毛；叶3～5深裂。果
实近球形，深红色，小于粗叶悬钩子的果实。在
贺松一带数量也不及粗叶悬钩子。

远志科黄花倒水莲（*Polygala fallax*），在苏
湖已见过。总状花序顶生或腋生，下垂。

桑科异叶榕（*Ficus heteromorpha*），基出脉
3，叶表面粗糙。榕果成熟时紫黑色，顶生苞片

左页图 五味子科滇五
味子，成熟的果实。
2018年10月1日。

上图 天南星科岩芋

下图 天南星科岩芋的
块茎

左上图 天南星科山珠南星，叶的上面和块茎。

左下图 蔷薇科粗叶悬钩子，叶的上面和聚合果。

右上图 蔷薇科粗叶悬钩子，叶的下面和花托。

右中上图 蔷薇科锈毛莓

右中下图 远志科黄花倒水莲

右下图 桑科异叶榕

脐状。

石竹科荷莲豆草（*Drymaria cordata*），一年生草本。茎纤细，匍匐；叶片卵圆形，对生，先端具小尖头；叶缘有长柔毛；聚伞花序顶生或腋生。

大戟科云南叶轮木（*Ostodes katharinae*），灌木。叶纸质，卵形，基部阔楔形至近圆形，边缘有锯齿；基出脉3，侧脉10～13对；蒴果。

葫芦科异叶赤瓟（*Thladiantha hookeri*），叶形多样。瓟字读 páo，古同"匏"，葫芦的意思。鸟足状复叶，5裂，中间三裂片较长，形状一致，两侧各一个小裂片，形状非常特别，呈小的圆耳状；叶上面疏被刚毛；花冠黄色，果实长6～8厘米。

苦苣苔科束花芒毛苣苔（*Aeschynanthus hookeri*），附生攀缘小灌木，茎圆柱形。叶对生，无毛，厚革质，

上图 石竹科荷莲豆草，背景为天门冬科大花蜘蛛抱蛋的叶。

中图 大戟科云南叶轮木的果实

下图 大戟科云南叶轮木

基部楔形，全缘；花3～8朵束生于枝顶；萼片紫色，5裂至花萼全长一半以上但不到基部；花冠洋红色，外面密被短柔毛，裂片中央有深色条纹；雄蕊与花柱明显伸出。

五加科台湾毛楤木（*Aralia decaisneana*），《云南植物志》称鸟不企，《中国植物志》称黄毛楤木。二回羽状复叶，叶轴和羽片轴基部具小叶1对。伞形花序组成大型圆锥花序；花柱5，基部合生；果实球形，具棱。

葡萄科伞花崖爬藤（*Tetrastigma macrocorymbum*），木质藤本，叶为鸟足状5小叶；花序腋生，二歧状分枝大型聚伞花序；果序直径达22厘米，果实球形，直径1厘米，果期6～10月。成熟果实黑色，酸甜可食。在勐海崖爬藤属植物较丰富，在森林中藤子长达十米，果实累累，每藤结果可达上百千克。鉴于此属的某些种生长旺盛，结果甚多，可考虑优质品种选育以开发崖爬藤果汁。

猕猴桃科尼泊尔水东哥（*Saurauia napaulensis*），《云南植物志》将其分在水东哥科。灌木或乔木，叶片薄革质，长18～30厘米，宽

五加科台湾毛楤木

7～12厘米；侧脉30～40对，平行；花序圆锥式，叶腋单生，花序柄较长；花粉红色，花瓣5，顶部反卷，基部合生；花柱5，宿存；果实球形，淡黄色。勐海分布的水东哥属大部分是这个种。花果期较长，7～12月，一边开花一边长果。

茜草科滇丁香（*Luculia pinceana*），灌木或乔木。叶纸质，对生，全缘；伞房状聚伞花序顶生；萼裂片近叶状，披针形，淡黄色，基部微红；花冠粉红色，冠管长4～6厘米。在贺松村中，也见一户人家栽种。根、花、果均可入药，治毒蛇咬伤、气管炎、尿路感染等。

大戟科中平树（*Macaranga denticulata*），乔木，叶盾状着生，叶近全缘；掌状脉9条；圆锥花序；蒴果双球形，具粒状腺体，直径5毫米。在拍摄中平树的果序时，发现叶下枝上有紫黑色的犁胸蝉科云管尾犁胸蝉（*Darthula hardwickii*），很好看，见人也不逃走。

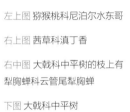

左上图 猕猴桃科尼泊尔水东哥

右上图 茜草科滇丁香

右中图 大戟科中平树的枝上有
犁胸蝉科云管尾犁胸蝉

下图 大戟科中平树

凤仙花科瑞丽凤仙花（*Impatiens ruiliensis*），草本，叶互生，叶边缘具圆齿；总状花序直立；花淡黄色；唇瓣舟状，距直伸，前端变细扭曲。

报春花科（原紫金牛科）金珠柳（*Maesa montana*），也称观音茶，灌木；叶坚纸质，椭圆形或长圆状披针形，边缘具疏波状齿；圆锥花序腋生，果球形，直径约3毫米。可制蓝色染料，叶可代茶。

豆科肉色土圞儿（*Apios carnea*），木质缠绕藤本；奇数羽状复叶，小叶通常5；总状花序腋生；花萼钟状，二唇形，绿色；花冠红色，龙骨瓣弯曲成半圆形。我第一次见到这种植物是在四川成都的白鹿小镇。圞读luán，团圆的意思；很难写，建议把土圞儿属改为土圆儿属。

水龙骨科纸质石韦（*Pyrrosia heteractis*），叶厚纸质，叶下面密被星状毛，叶先端尾状渐尖。

山茶科西南木荷（*Schima wallichii*），高大乔木，《云南植物志》称红木荷。细叶有毛，后脱落。叶薄革质，椭圆形，先端急尖，基部楔形，全缘；侧脉10～12对；蒴果圆球形，直径2厘米，褐色。

在接近贺松村东部时，看到大量美丽的苦苣苔科斑叶唇柱苣苔（*Henckelia pumila*），一年生草本，茎短伏地。叶绿色，有紫色斑，边缘具浅锯齿，叶面疏被柔毛；聚伞花序腋

上图 凤仙花科瑞丽凤仙花

中图 报春花科（原紫金牛科）金珠柳

下图 豆科肉色土圞儿

左上图 水龙骨科纸质石韦

右上图 水龙骨科纸质石韦，叶的下面。

左中图 山茶科西南木荷，也叫红木荷。

左下图 苦苣苔科斑叶唇柱苣苔

右下图 山茶科西南木荷未成熟的果实，
2018 年 9 月 30 日于勐阿。

苦苣苔科斑叶唇柱苣苔
近摄图

生，花萼漏斗状钟形；花冠淡紫色，筒部黄白色，外面略被微柔毛，冠筒狭漏斗状，冠檐二唇形，上唇2裂下唇3裂；蒴果线形，长达12厘米。补记：斑叶唇柱苣苔花期较长，10月1日重访，依然旺盛地开着花。此植物可考虑作为园艺品种开发。苦苣苔科花卉展中，中国人培育的品种并不多。

2.14 蚌岗的毛果杜英和曼稿的韶子

2018年9月2日，早晨搭乘小面包车由贺松到勐遮，换车到勐海镇。11：20红卫带我到勐宋乡东北部的"纳板河流域国家级自然保护区蚌岗管理站"，海拔1800米左右。上山时在路边见大猪屎豆、肿柄菊和桦木科尼泊尔桤木（*Alnus nepalensis*）。前两者为外来种；后者虽有外国名却是本土种，它的本地名字为旱冬瓜、水冬瓜、冬

瓜树。茶园中经常有意保留几株尼泊尔桤木，不只是点缀，作用其实很大，比如烈日下为茶树遮阴，保持坡地表土与基底的黏着性，通过增加生物多样性而防虫害，等等。扮演同样角色的还可以是西桦、黄樟、异色山黄麻、毛杨梅、多依等本土树种。

保护站后院栽种着天南星科疣柄魔芋（*Amorphophallus paeoniifolius*），浆果橘红色，有数百粒长在20厘米长的棒状果序上。不远处就有野生的勐海魔芋（*A. kachinensis*），浆果蓝色，果序相对小些。后者在苏湖也有许多。

小雨中沿公路西行，步行下坡。豆科中国无忧花（*Saraca dives*）小树叶的侧脉15对，无花。多种昆虫躲到血桐叶的下面避雨。大果杜英被风吹断树枝，果实落了满地，大小差别一倍以上，地面也有多年前的果核。三台花、铜锤玉带草、三桠苦常见。地表报春花科临时救（*Lysimachia congestiflora*）开着小黄花，一看这名字就跟中药有关。全草入药，可治咽喉肿痛、肾炎水肿。天南星科石柑子爬在大树上。桑科柘藤（*Maclura fruticosa*）藤条伸出，小枝具白色皮孔，部分小枝具刺；叶全缘，基部圆形；雌雄异株，头状花序成对腋生。大麻科（原榆科）异色山黄麻小枝上叶子整齐排列，叶基部心形，叶下面被灰褐色茸毛。山黄麻和异色山黄麻的鉴定非常有意思，主要看干后的标本，叶两面不同色的为异色山黄麻。凤仙花科凤仙花属（*Impatiens*）一种只有10厘米高的小草正在开花，叶薄荷叶状，上面有短毛，叶缘有圆齿或者锯齿，芒尖红色；叶柄和花梗

上图 天南星科疣柄魔芋（左，橘红色）和勐海魔芋（右，蓝色）的浆果，2018年9月2日于蚌岗。

下图 报春花科临时救，2018年9月2日于蚌岗。

左上图 桑科柘藤，2018
年9月2日于蚌岗。

右上图 大麻科异色山
黄麻叶的下面，2018
年9月2日于蚌岗。

下图 一种矮小的凤仙
花科凤仙花属植物，
2018 年 9 月 2 日于
蚌岗。

都较短；相对于植株，花却比较大。云南有凤仙花属植物一百多种，粗略比较了一下似乎都不大符合，因为植株有毛排除了异型叶凤仙花、云南凤仙花等，从叶形上也排除了毛萼凤仙花、狭叶凤仙花。怀疑与秋海棠叶凤仙花（*Impatiens begonifolia*）有关，但没有查到标本，无法对比。

蕨类只关注两种。比较大的一种是金星蕨科西南假毛蕨（*Pseudocyclosorus esquirolii*），叶远生，叶片长 1 米以上，二回深羽裂；孢子囊群着生于侧脉中部，每裂片 9～11 对；囊群盖呈压扁的字母 c 形；裂片达 40 对。较小的一种是鳞始蕨科乌蕨（*Odontosoria chinensis*，据 FOC），孢子囊群着生于 4 回羽裂末端，成长中先变白再变褐色，成熟时囊群像小耙子。

上图 金星蕨科西南假毛蕨，叶的下面。2018年9月2日于蚌岗。

左下图 西南假毛蕨，叶的上面。2018年9月2日于蚌岗。

右下图 鳞始蕨科乌蕨，叶的下面。据 FOC 而不是《中国植物志》。2018年9月2日于蚌岗。

晚饭丰盛，最有特色的是木姜子汁拌折耳根（鱼腥草根），太好吃了。北京有位朋友跟我要分形（fractal）图片，此处信号不好，始终发不出去。沿山路下行，寻找手机信号未果，却意外发现果实中等的毛果杜英（*Elaeocarpus rugosus*）。叶有锈毛，如果只看叶，会先想到桑科或椴树科，不容易想到杜英科。但找到果实前进一大步，剥掉一部分果皮露出果核，一切就清楚了。天色已晚，采了标本，回房间里细看，明天光线好时再来拍摄。至此杜英科已经见识三种，按果核由大到小排列为：大果杜英、毛果杜英、长柄杜英。在保护站西侧拾到壳斗科大果青冈的大果一只。

9月3日凌晨3点起来，抓住金龟子科五角犀牛甲虫（*Allomyrina dithotomus*）大甲虫，4母1公，它们被保护站门口的路灯吸引来，胡乱飞行，最后撞在地上。早晨8点起床，见院子里桌子上、篱笆上蛾子、天牛等甚多，20种以上，都是灯光的牺牲品。

左图 杜英科毛果杜英，2018年9月3日于蚌岗。

右图 杜英科大果杜英（左）、毛果杜英（中）和长柄杜英（右，只有小果实）。

与海山、红卫一起向东沿护林小路行进，不远处叶萼核果茶掉落大量果实于泥泞的小道上。半小时后下起雨来。林中大戟科斑籽木数量较多，开小白花。拾到一种西番莲紫果，已成熟，直径不到3厘米，未见叶。见一只右手性大蜗牛，长60毫米宽55毫米高35毫米，一只蓝紫色的金龟。快要返回时看到一株壳斗科大树，高约20米，树干下部近似板根状。检查总苞和坚果数量，依据《云南植物志》确认这株大树是瓦山锥（*Castanopsis ceratacantha*）：叶长卵状或披针形，基部楔形或近圆形，顶端渐尖或尾尖，近全缘；侧脉10～14对；总苞近球形，连刺直径2～3厘米，苞片针刺形，疏生，长10毫米，坚果1～3个，可食。补记：2019年3月4日重访此地。FOC称其为

瓦山栲，注音却是 wa shan zhui!

返回时找葫芦科油渣果（油瓜），只见藤未见果。爬树，折下报春花科短梗酸藤子（*Embelia sessiliflora*）藤子上的果枝。叶坚纸质，基部圆形，全缘；叶上面中脉凹陷，叶下面中脉隆起；侧脉不明显；圆锥花序生于小枝顶；果实球形，成熟时红色；切开果实，果核白色。嫩叶和果实均可食。小路边有很多节上带刺的小竹子。再次遇到芸香科飞龙掌血，这株藤子不大但有果实，果上有腺点。

中午拍摄植物果实和金环胡蜂，不小心右手二拇指被它咬了一下，剧痛，幸亏不是蛰的。此胡蜂 3 只单眼呈倒三角形，位于两复眼上部之间，触角深棕色；上颚左右各一把"切刀"：基部 3 齿，端部刃状，咬东西时如理发师用的牙剪一般交错切割。

报春花科短柄酸藤子

蚌岗这一带值得仔细观察，如果能在此住上两个月，会有较大的收获。

下午返回勐海镇，中途停车拍摄菊科斑鸠菊（*Vernonia esculenta*），株高2米，木本，叶硬纸质，V形，叶脉在叶下面隆起。

9月4日，应枚部长和佐连江先生带我从国威酒店先到勐阿管护站瞭望塔，介绍认识岩波涛。在附近迅速看了葡萄科火筒树属、胡颓子科胡颓子属、茄科茄属、五加科五加属的几种植物，然后驱车到曼稿的弄养水库。水坝一端的人家正在晾晒由紫葳科木蝴蝶（*Oroxylum indicum*）的条形嫩果切成的薄片。勐海人称木蝴蝶为海船，《滇南本草》称兜铃。我最早在广西德天瀑布见过这种植物成熟的巨大蒴果。坝上有薯蓣科薯莨、楝科川楝。步行到水坝另一侧的生态茶园，去看"野红毛丹"——无患子科韶子（*Nephelium chryseum*）。据说果实可食。它跟热带水果红毛丹都是韶子属的，但不是一个种。韶子属在我国有三个种：红毛丹、韶子和海南韶子，其中红毛丹是外来种。韶子在这里长成大乔木，树干笔直，胸径40厘米，高约20米。偶数羽状复叶，小叶常4对；叶薄革质，长圆形，全缘；侧脉每侧大于9条。不过，韶子春季开花，夏季结果，现在没有花也没有果。与韶子长得同样高大的还有四种树，都是开辟茶园时特意留下的。一为木兰科的一种大乔木，从落地的聚合果看是川滇木莲（*Manglietia duclouxii*）。

上图 菊科斑鸠菊

中图 紫葳科木蝴蝶（海船）蒴果切片。当地人做腌菜用。2018年9月4日于曼稿。

下图 紫葳科木蝴蝶（海船）嫩蒴果，用作蔬菜。2018年9月27日。

聚合果4～6厘米，卵圆形。叶薄革质，披针形或倒卵状椭圆形，长8～20厘米，宽3～6厘米，基部楔形，两面无毛，中脉在叶上面凹入，在下面明显凸起，侧脉13～17对；叶柄长8～15毫米，上面有狭沟。二为杜英科的长柄杜英，地面有大量"羊屎果"。三为壳斗科红锥（*Castanopsis hystrix*），《云南植物志》称刺栲。叶宽披针形或者窄卵形，顶端渐尖；叶下面有短柔毛，黄白色；苞刺长1厘米。四为夹竹桃科盆架树（*Alstonia rostrata*）老树，高达30米，这种老树的叶变得非常小，大小叶有十几倍之差。茶园边有茜草科阔叶丰花草、西番莲科鸡蛋果（*Passiflora edulis*）、防己科细圆藤（*Pericampylus glaucus*）、木樨科青藤仔（*Jasminum nervosum*）。木樨科青藤仔为木质藤本，叶薄革质，长椭圆形至披针形，顶端渐尖，基部宽楔形至圆形，从上面看叶脉不明显，叶柄具槽。

水库边有榕属粗叶榕（*Ficus hirta*）小苗，仅1米高，但茎上已经结了许多小榕果。叶互生，纸质，3～5裂。它的另一个名字是五指毛桃。据说其根可治疗脾虚浮肿、肺痨咳嗽。路边也有结了红果的漆树科盐肤木（*Rhus chinensis*），小叶边缘有粗锯齿，全株有毒，但据说在勐海还有将其果实作食物的！《云南植物志》也指出，"果未熟前可泡水代醋用，生食酸、咸止渴"。盐肤木为五倍子蚜虫的主要寄主植物，虫瘿即为五倍子，可供鞣革、制墨水、药用等。但其他虫子也喜欢用其叶子"盖房子"。另一种小树为大戟科的山乌桕（*Triadica cochinchinensis*），新生叶的叶柄、叶脉均是红色的，叶的基部有两个圆粒形的腺体，与樱属类似。叶表面类似荷叶，有特殊的表面效应，雨水落上去立即变成球形小珠，但水珠在叶面能存住，这与荷叶又有所不同。

上图 壳斗科红锥。《云南植物志》称刺栲。2018 年 9 月 4 日于曼稿。

左中图 韶子的果序。2019 年 6 月 6 日来曼稿重访韶子，恰赶上收获果实的时季。

左下图 剥掉韶子果实的部分表皮露出果肉。果实的结构与同属的红毛丹自然非常像，味道则更酸一点。

右下图 韶子成熟的果实呈黄绿色、粉红色。

右页图 韶子果序上密集的果实，2019 年 6 月 6 日。

左上图 木樨科青藤仔。2018 年 9 月 4 日于曼稿。右上角花摄于 2019 年 4 月 11 日。

右上图 防己科细圆藤，2019 年 3 月 1 日补拍于曼稿。

左下图 桑科粗叶榕的小苗，2018 年 9 月 4 日于曼稿。

右下图 昆虫利用漆树科盐麸木的叶"盖房子"，打开"房间"，里面有一只 2 厘米长的青虫。2018 年 9 月 4 日于曼稿。

中午赶到勐海镇东部的曼板村，佐连江先生带我在村里看住户栽种的海船，还讲述了扫把草（粽叶芦）（*Thysanolaena latifolia*）的功用。不过，此时我还无法体会这种禾本科植物有多丰富、重要。曼板村附近有豆科外来种光荚含羞草（*Mimosa bimucronata*，据FOC）。

大戟科山乌桕的嫩叶，2018 年 9 月 4 日于曼稿。

第3章

北上西行：第二次勐海植物考察

"我是第几次看这个了？"

"这是第一次。"

—— 电影《初吻50次》（ *50 First Kisses* ）

和上次一样，乘飞机无聊，随机选个电影看。福田雄一导演的《初吻50次》，讲述的是大辅和瑠衣的故事，跟彼得·西格尔导演的美国片子《初恋50次》（ *50 First Dates* ）意思相近，都很假也都很真实！片中夏威夷的外景地，太熟悉了，2011—2012年我在那里待了近一年。

对于植物，我可不想每天都重来一遍，从头认起。但是，人对于植物的情感，应如初次约会或初吻，保持新鲜。

有人陪着考察，似乎好极了。其实也不一定。每人都有自己的本职工作，人家未必喜欢植物，让人家陪着，我便加倍不好意思。

第二次到勐海，我决定租车，像2017年到吉林松花湖大青山考察一样，自己租辆车行动，上山、进城都非常方便。提前在携程租了悟空公司的小轿车，2018年9月26日下午3时于西双版纳嘎洒机场取车。以前在吉林通化三源浦机场租过这家的车，没想到嘎洒机场也有，我的个人信息公司系统中都存着呢，办理手续很快。

3.1 镰叶肾蕨、茶梨与粗叶木

取车后，在路边商店购买一箱瓶装水和一袋卫生纸，这些是野外必需品。驱车西行到勐海县委，停车于台阶下。县委小院位于勐海镇东北角一处高地，就房屋论这是我见过的最寒酸的县委建筑。某种角度看这也是好事，地方委府不能总是抢盖最好的大楼。

院内十余株假槟榔（*Archontophoenix alexandrae*）树下发出大量小苗，高 12 厘米，盖满了地表。另有几株茶树，高不足 1 米。

刘部长在街边一家小饭馆招待我吃晚饭，芋头炒茴香、薄荷煮牛肉、炸茄盒（夹了鸡肉片，吃起来竟有蘑菇的香味），味道均非常好，在北京不可能吃到这些美味。美味未必很贵，但一定要特别。等着上菜时，我一个人到外面转，在县财政局附近看到行道树：外来的某种桃花心木和油棕。后者附生了大量肾蕨科镰叶肾蕨（*Nephrolepis falciformis*，据 FOC），蕨叶下垂；叶长 1 米左右，羽片镰形；孢子囊群圆形，生于叶缘，棕褐色。细看，囊群盖有一小缺口。采标本夹于纸片中，第二天观察，掉落大量孢子。识别蕨类植物，主要看叶的下面，即背面。因为孢子通常长在背面。拍照时一定要两面都拍摄，关于孢子囊群，最好有特写镜头。

饭桌上有人提到臭菜，即豆科羽叶金合欢（*Acacia pennata*）的嫩叶。两个月来多次听到这个名字，市场上、山上也见过，还未吃过。第一次见活体是在曼打傣佛寺；第一次吃是在勐阿镇，后文有记述。

晚上住春海茶苑酒店 203 室。这家新开张的酒店，位于县城的西南，室内十分干净。有车，住哪都可以，反正县城不大。逛了夜市，没有我关注的特别植物。明天一早要早起，时隔一个月，早市会不会有新面孔的植物？

2018 年 9 月 27 日 7 时起床，天刚见亮，未吃饭，先驾车去看一个月前逛过的早市，这次选择相对小的、佛双路南的一家。未用导航，从春海茶苑酒店出发 7 分钟后就到达。市场上出售的当地野菜

比较丰富，这次只能"浏览"一下，有机会的话想亲自加工并品尝以下几种。

蹄盖蕨科食用双盖蕨（*Diplazium esculentum*），一种非常有名的野菜，美国夏威夷也有。桑科大果榕的嫩尖（象耳朵菜）。唇形科水香薷（水香菜）。豆科四棱豆，外来种。五加科白簕（*Eleuthero-coccus trifoliatus*），当地人叫刺五加，但与东北和华北的刺五加不同。茄科苦凉菜（龙葵或少花龙葵，可做汤）。紫葳科木蝴蝶（海船），在弄养水库和曼板村见过；它的叶形跟火烧花（在第5章会看到花）相似，它们同科。

值得指出，食用双盖蕨是FOC中的叫法，《中国植物志》称之为菜蕨（*Callipteris esculenta*），民间称谓有过猫、水蕨、过猫菜蕨。

民间说的水蕨与《中国植物志》中讲的水蕨（*Ceratopteris thalictroides*）完全不同，根本不在一个科。几天后的9月30日，于勐阿早市上见到茁壮、鲜嫩的食用双盖蕨。

葫芦科油渣果（*Hodgsonia heteroclita*）的巨大种子非常漂亮，1元一个。此植物当地称油瓜、麻景，种子含油量较大。购买了一袋子，自己尝了几个，剩下的送给收藏种子的朋友。

上午先到勐海镇北部的勐阿管护站，路过一个通向东北方向、标有"勐翁"的道岔，路边有美丽异木棉，树顶有少许花。这个地方以后常来，简称勐翁路口或勐阿管护站路口。

在院子中与岩波涛再次相见，非常高兴。傣族称年纪大的男人和女人分别为老波涛和老咪涛。波涛帮我砸开一粒油渣果的种子，果仁香脆，油确实很多。

院内一株漆树科小树，高不足1米却已结果，判断是甜槟榔青（*Spondias dulcis*）。勐海居民院中普遍栽种，原产于波利尼西亚和东南亚。幼果做酱或"剁生"，成熟后作水果。内果皮外层为不规则的纤维质和软组织。它不同于云南本地野生的槟榔青（*S. pinnata*）。这两个种当地人都称"嘎哩啰"。摘一只青果品尝，没有特殊味道，似青杧果或诃子。院内北侧有一株果树，高约6米，枝叶繁茂，此时有大量小花苞。无法鉴定，猜测是蔷薇科坚核桂樱。《云南植物志》说坚核桂樱花期6—8月，此项不符；FOC说秋花冬果。有待下次来看花验证究竟是什么植物。

十分钟后出发，沿山脊在疏松的思茅松林中穿行。叶面泛白斑的葡萄科白粉藤属植物青紫葛（*Cissus javana*）伏在松针上，偶尔爬到松树干的下部。叶上面常有白斑；果实黑色，微甜。带路的老乡不让吃。我知道是葡萄科，感觉没问题，顺手摘了果实品尝。即使很有把握，我一般也不会多吃，主要是尝尝。若实在口渴缺水，另当别论。林中见一俗名"辣藤"的藤本植物，茎上如春榆一般有厚厚的木栓层，尚未搞清是什么植物，待以后观察。

在斜坡的枯叶中看到许多五列木科（原山茶科）茶梨（*Annes1ea fragrans*）的球形果实。果皮较厚，革质，近于下位，外表有麻点。

左图 漆树科甜槟榔青，外来种。

中图 葡萄科青紫葛

右图 葡萄科青紫葛（背景）与兰科筒瓣兰。

五列木科（原山茶科）
茶梨

宿存萼片5，质厚，比较大，长达15毫米。果实已经变黑，剥开未发现种子。它是一种浆果状蒴果，成熟后掉落地面，果皮内的东西很快腐烂了。找了十几株，树上都没发现果实，难道今年都没有结果？还有一种可能性：早就过了果期，地面上的果实就是今年刚掉下的而不是去年的。查《云南植物志》，果期8—10月，估计后一种可能性较大。想拍摄茶梨的叶子，低处根本找不到，只好找了一棵树爬上去，同时也想寻找可能残存的果实。最终，还是没有发现新鲜的果实。茶梨另有两个俗名：安纳士树和猪头果，一洋一土，很有意思。前者来自属名的音译。茶梨属全球4种，我国仅1种，4变种。茶梨的花火红色，非常漂亮，我记住了这个地方，等它开花时再来看。茶梨花期12月到次年2月，过春节时来应当正好赶上。2019年1月9日在西定见到一株茶梨正在开花，但花乳黄色，并非红色。

思茅松林大树下面分布着一些茜草科小灌木，容易判断是粗叶木属的。粗叶木属云南产21种、3亚种、4变种，此时为9月底，花已谢，只有果，是哪个种并不容易看出。叶侧脉每边4～6条，叶上面光亮无毛，叶下面在中脉和侧脉上疏生糙伏毛。中脉在叶上面稍凹陷，在叶下面明显凸起。花序腋生，无梗，花数朵簇生。成熟果实由黄白色变为蓝色，直径4～8毫米。宿存萼裂片5。根据果期、果色、叶的侧脉数量和总花梗的长短可排除斜基粗叶木、大叶粗叶木、小花粗叶木、长叶粗叶木、长梗粗叶木、梗花粗叶木、线苞粗叶木、线萼粗叶木和勐腊粗叶木。最后判断是无苞粗叶木（*Lasianthus lucidus*）。

在坡脊东侧林下追逐一只鳞翅闪动时泛蓝光的爱来花灰蝶

（*Flos areste*），被藤子绊倒，重重摔在潮湿的地上。不过，因此看到了掉在地表的一种很特别的浆果，应当是五列木科杨桐属（*Adinandra*）的。浆果状蒴果球形，直径约 13 毫米，萼片阔卵形，革质；宿存花柱与果等长。果皮很薄，轻轻一碰就流出了红红的果汁，种子褐色。但是林深，光线暗，根本分不清是哪棵树上掉下来的。这

茜草科无苞粗叶木

是在南方密林中看植物最头痛的方面。树高，林密，地表的掉落物不容易与附近的某棵树对应起来。

茶梨属、杨桐属、厚皮香属、红淡笔属、柃木属、猪血木属这 6 个属原来都分在山茶科，现在据 APG 都转移到五列木科。五列木科原来只有 1 属五列木属，现在则有 7 属。

岩波涛院子房后（西侧）大果榕树干基部还未结果；院内和门口均有菊科艾纳香（*Blumea balsamifera*），此属植物可提取冰片。

3.2　穿鞘花的花萼与猴耳环的小叶

9 月 27 日中午阳光十足，温度骤升。早晨气温 17 度；10 时达到 34 度，翻倍。

吃了一点东西，带上两瓶水，穿着 T 恤衫顶着烈日走出小院。事后证明，考虑不周，应当穿长袖上衣。

左转（北转），想到院后面的坡下看植物，遇到两窝金环胡蜂，上次在蚌岗领教过其厉害，没敢打扰。退回，在松林中拍摄了唇形科异色黄芩（*Scutellaria discolor*）。花互生，组成总状花序。大部分未开花，只有几株开了。《云南植物志》称其为退色黄芩。一个月后在勐阿再次看到。

接着向东走出保护区，在XK09马路上向南200米再向东，拐入一条很久没人行走的下坡小道。

道口树下有一种非常特别的鸭跖草科植物。从未见过，但几乎可以百分之百确认属于鸭跖草科。这个科我已见过的种类都有特别的叶脉和叶鞘。很难用语言描述清楚眼前这些有多特别，写出来实际上没什么特别之处，但是眼睛看到之时，瞬间就明白它是哪类东西。其主要特征为：茎粗壮；叶鞘上有纵向排列的长毛；叶背面中脉有长柔毛；萼片3，红色，无毛，顶端风帽状，颜色变深，其实很像毛茛科乌头属的盔瓣；茎中部每节生一花序，聚伞花序压缩而成头状，穿透叶鞘基部而出，紧贴茎生，半包茎；花瓣、花丝、花药、花柱皆为白色；蒴果顶端尖。查《云南植物志》，不到五分钟就确认它是穿鞘花属的尖果穿鞘花（*Amischotolype hookeri*）。穿鞘花属我国共两种，云南都有分布。另一种是穿鞘花，叶背面通常无毛，

左图 唇形科异色黄芩，2018年9月27日。

右上图 鸭跖草科尖果穿鞘花的花序

右下图 鸭跖草科尖果穿鞘花，花序的另一侧。

右页图 鸭跖草科尖果穿鞘花

萼片顶端被锈色茸毛。此属植物最有意思的有两点：一是花序穿鞘，二是花萼盔形。《中国植物志》对这两种植物用途的叙述都是：喂马！

不远处，林缘有五加科的星毛鹅掌柴（*Schefflera minutistellata*）：幼枝和幼叶的叶柄被黄棕色绒毛；小叶 10，薄革质；小叶柄不等长，淡紫色；小叶基部与小叶柄相连处有一小的 V 形折曲；幼叶上面有星状毛。

旁边就有两个月来在野外经常见到的一种豆科植物，我注意它好久了，只因为它的小叶形状和叶脉太特别了。小叶大小不一，二回羽状复叶，顶端的小叶更大些。小叶革质菱形，左右不对称。忽略叶脉，从几何上看，叶的一半旋转 180 度能与另一半大致对合。因为无花无果，还是费了一点时间才查到是猴耳环（*Archidendron clypearia*，据 FOC）。完全没想到竟然是它。猴耳环的果实和种子特别有趣，在书上是见过的，可惜在野外我见到的都是小树，没有结果。通常人们特别关注它螺旋形的果实和黑种子。种子（黑珍珠）挂在棕黄色干枯的豆荚（耳朵）上，真的像耳环。《云南植物志》称猴耳环为围涎树，拉丁属名写作 *Abarema*；《中国植物志》将其属名写作 *Pithecellobium*。据 APG，从牛蹄豆属（*Pithecellobium*）分出猴耳环属（*Archidendron*），猴耳环属又合并棋子豆属（*Cylindrokelupha*）。（刘冰等，2018）

猴耳环是紫胶虫的寄主，木材不裂，可供工艺雕刻。紫胶虫吸取寄主树液后能分泌一种树脂即紫胶，古代称赤胶，妇科良药。徐霞客明确指出，云南省是紫胶的产地。

深深的两道车辙掩在近 1 米深的白茅属大白茅（*Imperata cylindrica* var. *major*）

五加科星毛鹅掌柴

左图 豆科猴耳环

右上图 豆科猴耳环奇特的叶

右下图 豆科猴耳环，叶的下面。

中。走路得格外小心。右侧土塝上许多阿福花科（原广义百合科）山菅（*Dianella ensifolia*）因靠近小道，阳光相对充足，蓝果的颜色变得十分鲜艳。姜科澜沧舞花姜（*Globba lancangensis*，据FOC）与山菅毗邻生长，叶片被毛，聚伞圆锥花序长20厘米左右，花黄色，与苏湖的舞花姜不同。

　　附近有五种蕨。第一种是肿足蕨科肿足蕨（*Hypodematium crenatum*），较矮，叶簇生，叶柄基部膨大，被疏毛；3～4回羽状分裂。第二种为里白科大芒萁（*Dicranopteris ampla*），相对易辨识。叶主轴分枝处有托叶状羽片，孢子囊群在裂片两侧不规则地排成2～3行。用这些特征容易区别于同属的滇缅芒萁和铁芒萁。第三种是乌毛蕨科狗脊，嫩叶呈红色。此蕨在苏湖已见过。狗脊属在云南有三个种：顶芽狗脊、狗脊和滇南狗脊。分辨它们一要看上二要看下。向上看其是否有珠芽，若有，则是顶芽狗脊；向下看其"下部几对侧生羽片的基部下侧的一片裂片"的形状，如果缩小成圆耳状，

左上图 阿福花科山菅
的果实

右上图 阿福花科山菅
的果序

下图 肿足蕨科肿足蕨

圆头，与其上的裂片不同形，则为狗脊，否则为滇南狗脊。对于蕨类，各个部位都要拍摄，"魔鬼在细节"这话一点不假。至于此植物为何取名"狗脊"？我个人猜测是，孢子囊群的排列很像狗的脊背，比较瘦的狗才能看得清！就像金毛狗因为有金毛而得狗名一样。第四种为蹄盖蕨科食用双盖蕨，即菜蕨。生于谷底阴湿处。第五种是乌毛蕨科苏铁蕨（*Brainea insignis*），国家二级重点保护植物。这是一种非常漂亮的大蕨，远观如苏铁。第一次是在深圳的七娘山，严莹和吴健梅带我见的。这是第二次相见，远远就认出来了。植株高1米左右，叶长130厘米。叶簇生于主轴顶部，略向外斜。叶一回羽状，坚硬；羽片30～50对。羽片互生，羽脉中能看到清晰的小三角形；两侧均能见到清晰的小脉。苏铁蕨是一种优美的观赏蕨，但首先是重点保护物种，禁止采挖。勐海的这一处分布，距离马路还算远，地势平缓，海拔与县城基本一致，将来可考虑开辟生态旅游线

左图 蹄盖蕨科食用双盖蕨

右图 乌毛蕨科苏铁蕨，叶的下面。注意小三角形。

右页图 乌毛蕨科苏铁蕨

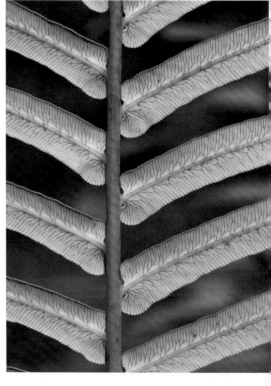

左图 檀香科寄生藤，茎可左旋亦可右旋。

右上图 寄生藤的叶和未成熟的果实

右下图 寄生藤成熟的果实和种子

路或者建立生物多样性考察线，引导人们直接到野外观赏。

苏铁蕨附近，有木质藤本檀香科寄生藤（*Dendrotrophe varians*，据FOC）爬在一棵树上。叶基出脉3条；果实椭圆形，实测长9～12毫米，直径7～8毫米。茎以左手性为主，也有右手性的且同株，即与蓼科何首乌、菊科微甘菊（*Mikania micrantha*）的手性相似。《云南植物志》和《中国植物志》将寄生藤的学名写作 *Dendrotrophe frutescens*。

3.3 红花栝楼、筒瓣兰和勐海天麻

2018年9月28日，8点参加勐海县的第10届茶王节。其中的土特产品展销会很吸引人，在此能够见识勐海的许多可食植物，多为蔷薇科、壳斗科、芭蕉科、蓼科、兰科、姜科、百合科、芸香科的。

展会边的空地上有入侵的豆科植物田菁（*Sesbania cannabina*）和大含羞草（*Mimosa pigra*），都是有害物种。对这类植物，不能含糊，宜尽可能拔除。

中午返回，在流沙河桥头和曼打傣村两次拍摄大树上正在开花的大花万代兰（*Vanda coerulea*）。它是兰科植物中花较大的种类，此季节比较容易见到。在曼打傣佛寺东部茶叶厂附近看到降香黄檀（有果实）和臭菜（羽叶金合欢），北行，于路边拍摄结了许多果的波罗蜜。这三者都是有意栽种的，预计其用途分别是作木材、蔬菜和水果。

右转进入通往勐翁的小路（勐翁路口或者勐阿管护站路口）。这里真是看植物的好地方，只是道路较窄，停车要特别选择地点。为节省篇幅，重要植物简记如下。

仙茅科大叶仙茅（*Curculigo capitulata*），多年生常绿草本，叶具折扇状平行脉。跟贺松所见是一个种。

漆树科南酸枣（*Choerospondias axillaris*），果实落了满地，酸甜，吃了两只，拾了若干，主要想收集它漂亮的果核。去掉极黏的果肉是一门学问，可用纸一点一点"擦"掉，也可以放冰箱里冻一下再去掉。

乌毛蕨科乌毛蕨（*Blechnum orientale*），红棕色、光亮的幼叶非

左图 豆科田菁，入侵种。2018 年 8 月 28 日。

右图 豆科大含羞草，入侵种。

上图 兰科大花万代兰

左下图 仙茅科大叶仙茅

右下图 漆树科南酸枣

右页图 乌毛蕨科乌毛蕨，刚发出的呈 9 字形的幼叶。

左图 乌毛蕨科乌毛蕨，
嫩叶。

右图 乌毛蕨，叶的下面。

右页图 桑科鸡嗉子榕

常有特点，这决定了它是蕨类大家族中比较容易识别的种类。2017年在四川邛崃天台山见到过。它是酸性土指示植物。

桑科鸡嗉子榕（*Ficus semicordata*），叶甚茂盛，幼叶上还有一只小螳螂。来勐海前从未见过这种植物，一开始没有找到榕果，不敢轻易定种。半年后终于在勐往乡意外找到其榕果，水落石出。这种榕树在贺松、布朗山也常见。为何有"鸡嗉子"字样，请看叶基部的形状！如果再问：鸡嗉子长什么样？只好说：下次见到吃饱的鸡，好好瞧瞧就知道了。

茜草科多毛玉叶金花（*Mussaenda mollissima*），叶对生，叶两面密被绒毛；聚伞花序，总梗较长，花梗短；浆果椭球形。此属植物勐海分布极广，处处可见。

漆树科野漆（*Toxicodendron succedaneum*），奇数羽状复叶互生；圆锥花序；核果压扁，偏斜，外果皮黄褐色。

暂时进入树林，在林间小道边看见一片爵床科肖笼鸡（*Strobilan-thes affinis*，据 FOC），半灌木，高约 1 米，茎四棱；叶草质，卵形；

左上图 鸡嗉子榕幼叶

右上图 茜草科多毛玉
叶金花

下图 漆树科野漆

花序顶生，总状或头状；花冠蓝色，喇叭形，花筒近90度弯曲，并由基部向外迅速扩张，冠管从垂直角度观察接近圆形；冠檐直角外折，垂直于地面，冠檐裂片中间微凹；花丝和花柱外伸。

蔷薇科杜梨（*Pyrus betulifolia*），果近球形，具棱，直径8毫米，褐色，有白色斑点，萼片脱落。果实奇多，只是太小了，尝了一粒，口感不好。据说变成黑色之后才可食用，味甜。

豆科单序拿身草（*Sohmaea diffusa*），以前称单序山蚂蝗。羽状三出复叶；顶生小叶卵形，侧脉7条；总状花序顶生；花序梗和花梗被毛。

水东哥属植物也非常多，此时仍在开花，跟贺松所见是一个种。在拍摄两种薯蓣科植物时，遇上葫芦科异叶赤瓟。按《中国植物志》，为五叶赤瓟。昨天（27日）在勐阿管护站曾见到3裂的种

左图 爵床科肖笼鸡，正面。

右上图 爵床科肖笼鸡，侧面。

右下图 蔷薇科杜梨

上图 豆科单序拿身草

左下图 葫芦科异叶赤瓟

右下图 葫芦科异叶赤瓟，2018年8月27日。

类，按《中国植物志》，可称三叶赤瓟。因为是多形种，《云南植物志》和 FOC 将它们归并为一个种：异叶赤瓟。这种做法与柬埔寨、越南、老挝的植物志一致。

稻田南侧河沟旁有两株桃树，树叶已落，枝上挂着鲜红的果实。步行穿越泥泞的稻田，到近处一看是葫芦科红花栝楼（*Trichosanthes rubriflos*），红红的果实太漂亮了。在随后的几天中又见到两次，之前 8 月底在巴达还见过花。红花栝楼叶深裂，种子灰白色，形似葫芦籽，近长方形，长 12 毫米，宽 4 毫米，两端近平截。种脐端渐狭，片状，另一端有两只小角。它与糙点栝楼非常相似，但后者种子更宽些，在后来的第三次考察中才见到。听说红花栝楼和糙点栝楼合并了。几天后就会见到区别更大的一种：马干铃栝楼。在一个县内能看到三种不同的栝楼，足见植物之丰富。实际上，勐海县境内栝楼属植物多着呢，远不止这几种。

左图 葫芦科红花栝楼，2018 年 8 月 28 日。

右图 葫芦科红花栝楼的种子

海金沙科柳叶海金沙（*Lygodium salicifolium*），攀缘蕨类植物。小羽片互生，条形，基部心形；"关节"位于小羽柄的顶端，即心的凹陷处；侧脉二歧分叉，直达小羽片的边缘；孢子囊穗位于小羽片的边缘。

在曼兴民族特色村的佛寺附近，吃到番石榴，也看到了铁刀木、酸角、大花猪屎豆、金嘴蝎尾蕉（*Heliconia rostrata*）。除铁刀木外都是外来种，不必太在意。

下午14：30开始折返。回到勐阿管护站，无人，门锁着。只好再次进松林中观察，竟然收获很大。特别是看到两种小小的兰科植物。一为筒瓣兰（*Anthogonium gracile*），此属仅此一种。叶纸质，狭披针形，长10~30厘米，宽1~3厘米，先端渐尖，基部狭窄收为短柄；花葶纤细，直立，高于叶；总状花序，疏生花数朵；花下倾，紫红色；萼片下半部合生为狭筒状，上半部分离，中萼片长圆状披针形，凹陷；侧萼片镰刀状匙形；花瓣狭长圆状匙形，与萼片等长；唇瓣基部具爪，前端3裂。另一为勐海天麻（*Gastrodia menghaiensis*），白花，植株很小，通常高15厘米。它的分布范围较窄，地位非同一般。株高10~20厘米；根状茎细指状，近椭圆形，长20毫米，宽5~10毫米，具少数根；茎直立，无绿叶，褐色，中下部有数枚圆筒状膜质鞘；总状花序2~5厘米，具花3~10朵，花苞片

左图 海金沙科柳叶海金沙

右图 海金沙科柳叶海金沙细节图，注意"关节"的位置。

右页图 兰科筒瓣兰

淡褐色；花冠白色；蒴果椭球形。特意请教了兰科专家罗毅波先生，确认是勐海天麻。它们实在不起眼，如果不开花、光线不好，或者不留意的话，都可能忽略过去。我很幸运，在恰当的时候看到了它们。据说人品爆发，在野外才能看到特别有趣的动植物！

在三处见到杜鹃花科（原鹿蹄草科）水晶兰，植株白色，有果实，采了标本。按APG，水晶兰属和松下兰属已经分开。

树林中狗脊的蕨叶上有长着两只长角的蜘蛛，半夏说是弓长棘蛛。我也喜欢昆虫、蜘蛛类动物，只是找不到合适的工具书，无法入门。

天黑前在林中又看到两种蕨。第一种为凤尾蕨科半月形铁线蕨（*Adiantum philippense*），与华北可见到的团羽铁线蕨、普通铁线蕨外形有一点相似，皆为一回羽状，但羽片不同。第二种为鳞毛蕨科稀羽鳞毛蕨（*Dryopteris sparsa*），长在树洞中，高50厘米，二回羽状至三回羽裂，羽片对生或近对生，略斜向上，有短柄。孢子囊群圆形，着生于小脉中部。顺便一提，《云南植物志》蕨类共两卷，第20卷（2006年）和第21卷（2005年），前者印1000册，后者印800册。收集这套书时，第21卷实在难找，最后复印了一部。

左页图 兰科筒瓣兰（左）和勐海天麻（右）。

左图 凤尾蕨科半月形铁线蕨

右图 鳞毛蕨科稀羽鳞毛蕨

3.4 北上勐阿：大叶银背藤和鹧鸪花

2018年9月29日上午在勐巴拉参加"勐海县栽培型古茶树科学考察暨勐海县野生茶树资源申报世界自然遗产启动仪式"。主持人邀我从博物学角度谈谈对古茶树保护的建议，我简要说了三点。1.改进宣传：避免"茶树越老产茶越好""茶叶存放越久越好"之类的片面之词。这样才有可能把"啃老"变成"敬老"。2.拓宽视野：学会时空长程算计，全县若能保护住大量古茶树，相当于为全世界保护了重要的遗产，对于弘扬本地茶叶文化、提升全县茶叶知名度都有好处，而急功近利地利用古茶树，只可能肥了个别企业，受损害的是全勐海的持久利益。3.加强研究：包括宏观田野调研、标本采集、分类学、植物化学和微观分子层面的研究等，扎实的研究有助于摸清家底，也有利于"申遗"。

事后想来，我还应当建议在勐海的山上建一个县级本土植物园。有人在意吗？版纳州确实已经有了几个知名的植物园，但都是在低海拔地区，那里无法栽培高山植物。勐海地势较高，在这里建一座高水准的植物园，在其中展示并研究本地的特色物种，是长远大计。

吃完午饭，瞒着宣传部刘部长，计划开车向北到勐阿一带看植物。因为野象经常在勐阿一带活动，刘部长担心出事，不让我往那个方向走。我撒谎说到贺松和巴达。说不怕象那是假的，野象非常厉害。但是，那里生活着成千上万人，人家一年到头过日子没事，我小心一点也不会有事的。

在勐海县城西部桥头路边买了两个最大个的柚子装上车，15元一个，这种水果耐储存，未来几天户外拍摄或许用得上。事后看来，根本没必要，在勐阿能买到各种水果。在勐阿管护站补拍几种植物后，就一路向北部的勐阿行进。

大晴天突然阴下来，又迅速掉了雨点，温度也降下来。雨时下时歇，雨一停我便停车观察、拍摄。雨中观察爵床科碗花草

（*Thunbergia fragrans*）的小白花和掌状深裂的红花栝楼的叶，红花栝楼未见果。

小雨变大，只好在曼播村民小组亭子中稍避雨，雨变小后上山坡观察。见使君子科西南风车子（*Combretum griffithii*），木质藤本，叶对生；侧脉6～9条，叶脉在叶上面下凹，在叶下面凸起。附近草丛中有旋花科大叶银背藤（*Argyreia wallichii*），木质藤本，叶卵形或宽心形，下面密被淡黄色绒毛；叶侧脉12对左右；花序腋生，密集成头状；花筒粉红色。几天后在贺松又遇到。补记：2019年2月28日在勐往乡见其苞片宿存；萼片长圆形，内面紫色；果圆球形，红色。

经过黎明公司四分场二队，14：40左右在路东侧见结大量红果的楝科乔木鹧鸪花（*Heynea trijuga*，据FOC），原来学名写作*Trichilia connaroides*。乔木，奇数羽状复叶，小叶7～9个，无毛；圆锥花

左上图 使君子科西南风车子，2018年9月29日。

左下图 旋花科大叶银背藤的红果，2019年2月28日于勐往。

右图 旋花科大叶银背藤，花和叶。

序，总花序梗较长；蒴果椭圆形，红色，有柄，直径小于 2 厘米；种子具白色假种皮。按《中国植物志》，应当是小果鹧鸪花；FOC 不再区分大果小果。随后几天，在勐海三次看到这种植物，它的红果太明显了，如果换个季节恐怕不容易注意到。换个角度想，果实为何会大批留下来？可能因为传播种子的相关鸟类变少了。鹧鸪花附近有大戟科木薯、豆科刀豆（*Canavalia gladiata*）、楝科灰毛浆果楝（*Cipadessa cinerascens*）。后者开小白花，FOC 将其修订为浆果楝（*C. baccifera*）。

道路两侧交替出现大片香蕉林、甘蔗林。

嘎赛村火龙果园篱笆外，有一株叶下珠科（原大戟科）白饭树（*Flueggea virosa*），结了密密麻麻的小白果，叶子几乎掉光。尝了几粒小白果，微甜。

K09 县道西侧是长条形的坝子，种植了大片茁壮的密不透风的香蕉，远处是雨后云雾缭绕的南北向大山，山脚下是曼松村（009 乡道上），傣语意为"坝子上地势最高的寨子"。1969 年 3 月 8 日，17 岁

左页图 楝科鹧鸪花

左图 楝科鹧鸪花

右图 豆科刀豆

左图 楝科浆果楝（据FOC）

右图 叶下珠科（原大戟科）白饭树

的上海青年（准确讲还不能算青年）朱晓钟从黄浦区东昌中学初中毕业，响应国家的号召，奔赴4000千米外的边陲插队。从上海乘火车5天到了昆明，再乘卡车走5天，坐1天的马车和1天的木轮牛车，便来到了这个曼松村。如今，原来12天的路程可以压缩到1天完成。"通往寨子的人行小路，一篷接一篷，生长着旺盛的傣家竹，连绵两千米。寨子后原林密布着黝黑色大山，从山林中奔泻而下的山泉水，既是全寨人赖以生活的饮用水，又是缓缓流入农田的灌溉水。四十幢傣家瓦片竹楼，二间旧式农屋，连同我们知青居住的一排简易草房，构成了傣寨依坡而建、竹笆围墙、村貌和谐的民族村寨特色。"（岩温主编，2010：51—52）

当时极"左"政策笼罩中华大地，割资本主义尾巴、学大寨，曼松村自然不例外，村里没有一块自留地。村民只得到山林中找野菜、苦笋、昆虫作为平日饭食的菜肴。知青胆子稍大，在居住的草屋旁开了一块菜田，种下从上海寄来的菜种。蔬菜倒是长得不错，但没有植物油炒菜（傣家用肥肉炼油，但也少得可怜，不到泼水节是不会杀猪的），只得水煮。不但缺油，还缺盐！当地不产盐，要从普洱调运井盐，即盐巴。到了雨季，道路泥泞，盐巴经常运不到。

17 岁是什么概念？现在 17 岁的孩子能够离家到数千千米外的边疆独立生活？实际上，当时许多知青只有 16 岁，比如北京女孩刘洁。她从北京市经过 9 天的颠簸最终来到勐海县的勐遮坝，住进了全寨最破旧的竹楼，如果没有傣族咪涛（傣语"妈妈"的意思）的日常陪伴和照料，接受"改造"的她可能根本活不下来。当龙英（傣族咪涛对她的称呼，意思是"姑娘"）双腿长满可怕的恶疮，咪涛每天背着竹篓上山采一种叫作"百部"的植物，熬水给她清洗疮口。（岩温主编，2010：153）这里所说的"百部"，应当指百部科的大百部（*Stemona tuberosa*），也叫九重根，一种草质藤本植物，下部木质化。茎具右手性，叶对生或轮生。花被片共 4 枚，近相等，分两轮，有黄绿色带紫色的脉纹。块根肉质纺锤状，簇生，是一种常用中药，可消炎止痒。

那个时代过去了，但不应当被忘记。

此时，行走在 K09 县道上，跟行走在北京延庆区的某条柏油路，几乎没什么差别。就路边小百货店的数量来论，甚至比延庆的还多。

在火龙果园对面的路边，见到葫芦科一种球形小红果。雌花与雄花同株，叶卵形，判断为钮子瓜（*Zehneria bodinieri*，据 FOC）。《云南植物志》和《中国植物志》所述 *Z. maysorensis* 是对此种的错误鉴定。恰好拍到雌花和雄花在同一株上，这样方便了鉴定，直接与同属的雌雄异株的 *Z. guamensis* 区分开来。*Zehneria* 这个属的中文

葫芦科钮子瓜

名用了一个偏僻字"瘀"，一般的输入法根本打不出来，建议下一版修订为"马交儿属"或"钮子瓜属"。《云南植物志》葫芦科收在第6卷，这一卷20年前就咬牙购买了，却一直没发挥特别大的作用。定价72元，那个时候是个很大的数字——1994年我博士毕业刚工作时，能够拿到手的月工资只有240元。现在孔夫子旧书网上还能购买到，定价150元。不知为什么并没有涨多少。印数2000册，也不算多。而晚出的第8卷已由120元涨到460元，印数1400。这能否推断出读者对某些科更感兴趣呢？恐怕也不能。

叶下珠科（原大戟科）秋枫（*Bischofia javanica*）已结果。后来在勐往也见到。秋枫属在云南只有一种，不需要与该属重阳木区分。

下午3：16到了勐阿镇，勐海北部最繁荣的地方。行道树皆为印度紫檀。住进勐阿双福大酒店。天空彻底放晴。安排妥当，趁天空还亮堂，沿Y010小道东行。拍摄铁刀木、高山榕、降香黄檀三者

左图 叶下珠科（原大戟科）秋枫

右图 豆科铁刀木

右页图 著名的铁刀木树桩。新枝砍下来加以利用，植株迅速又长出新枝，可以反复进行。

的果实，以及参薯（*Dioscorea alata*）的藤蔓。后者在薯蓣科中容易辨识，茎自转与公转均为右手性，其根是一种美食，煮粥吃非常棒。傣家生态树铁刀木的树桩、花和果，都得以近距离仔细拍摄。路边见多种植物：余甘子，无果；盛花的猪屎豆（*Crotalaria pallida*）和穗序木蓝（*Indigofera hendecaphylla*，据 FOC）；截断的银桦；菩提树幼苗。适逢水田中收割水稻，众人在方槽子中手工摔打脱粒，这种原始收割、脱粒场面已经很难看到了。听说是杂交稻，亩产过千斤。

多次见到县政府树立的"附近有野象出没 / 出行请注意安全"和西双版纳国家级自然保护区管护局树立的"野象通道 / 注意安全"提示牌。向老乡打听野象的情况，今年春季来过一次，后来再没有经过。补记：几个月后，2019 年 4 月 5 日，在勐阿肇事的野象"维吒哟"（"胜利之象"）被捕获，它于近期先后 6 次进入勐阿镇主要街道，破坏大小车辆 16 辆、损毁房屋等 5 处。半个多月后，2019 年 4

左图 薯蓣科参薯，茎自转与公转皆为右手性，非常特别。

右图 豆科猪屎豆

月 29 日凌晨 2 时，家住勐阿镇嘎赛村小新寨小组海往公路旁地棚的
蔡某（福建省漳浦县人，46 岁）发现象群靠近住所，下楼驱赶，遭
象群攻击致死。

野象的通道，可曾见证十七岁的知青？

铁刀木的树桩，指向茶山下甩稻的现场

传统本分，自然无碍

对野象的恐惧源于智人的贪婪

源于狭隘的物种增强和算计

人类作为一个集体触怒野象

个体遭殃不可避免

象说：这是我的地

我比你先到

有人说：把你们全部灭掉或者转移

神没了，生活会幸福吗？

让野象活，人才能活得好。这与"有好的自然生态人类才能幸福生活"是一个道理。但弄明白其中的道理，并非易事。

勐海县委、县政府对人象矛盾高度重视，采取了一系列办法尝试解决问题，比如补偿受损庄稼，建设野象食源基地，为亚洲象保留稳定的栖息地。近些年采用无人机建立的亚洲象监测预警体系，有效避免了人身伤亡事件的发生。其实以前野象并不在勐海境内活动，人象矛盾的推手不是勐海本地，但既然问题转移到了这里，勐海人便接受了挑战，从全局出发，勇于担当。

晚饭为红烧丽鱼科罗非鱼、豆科臭菜炒鸡蛋、茄科苦凉菜汤，一共50元！好好休息，明天一早将逛早市。酒店服务员说，明天恰好是大集，会很热闹。

3.5 由勐阿到勐满：葫芦茶、泥柯和浆果乌桕

天南星科刺芋，2018年9月30日。

2018年9月30日，勐阿镇的早市真是太棒了，比想象中的热闹、丰富。如果可能，真愿意每天逛一次。不过，并不是每天都是大集，今天特殊。

早市上买桃金娘科树葡萄（一种水果）、火龙果、花生，路上可以充饥。见到至少4个地摊在出售带巢的金环胡蜂蜂蛹，在云南山区，这是一种重要的美味。野菜和药材方面，除白簕、白花蛇舌草、盐麸木果实、食用双盖蕨、野蕉花、卵叶水芹、香蓼、木蝴蝶、羽叶金合欢、茄科苦凉菜、茄科苦子果、胡椒科胡椒属植物（包括假蒟）之外，我还见识了若干新的野菜品种。天南星科刺芋（*Lasia spinosa*），多年生常绿草本，茎圆柱形，多少具皮刺；叶柄有刺，截面蜂窝

状，叶柄长于叶片；叶形多变，幼叶戟形，成年叶鸟足状、羽状深裂。以前在植物园见过，但不知道它的嫩叶可以作蔬菜。其实《中国植物志》上明确写着："幼叶可供蔬食。根茎药用，能消炎止痛、消食、健胃；可治淋巴结核、淋巴腺炎、胃炎、消化不良、毒蛇咬伤、跌打损伤、风湿关节炎。兽医用以治牛马劳伤，催膘。"不过，对于野生蘑菇及野菜还是要小心，应使用成熟的加工技术，不能自己随便来。雨久花科鸭舌草（*Monochoria vaginalis*），一年生或多年生草本，高10～30厘米；挺水叶卵形、卵状披针形，基部圆形、心形；叶柄基部宽鞘状，上部有三角状叶舌。这种植物可食用，也没想到，但比起前者来我的吃惊程度还是稍低一些。查《云南植物志》，果然写着："全株去根可作蔬食，也可供药用。"爵床科糯米香（*Strobilanthes tonkinensis*），嫩叶，叶对生，椭圆形，边缘具圆锯齿。以前喝过用它做的茶。菊科沼菊（*Enydra fluctuans*），茎粗壮，圆柱形，下部匍匐；叶对生，无柄，长椭圆形至线状长圆形，有疏锯齿；头状花序少数，顶生。沼菊属全球10种，中国仅此一种。2019年4

左图 雨久花科鸭舌草

右图 菊科沼菊

月 12 日在曼瓦瀑布下边的水洼中见到一片。荨麻科楼梯草属某种（*Elatostema* sp.），茎灰绿色，脆质；叶长圆形至披针形，上面深绿色，下面白色，顶端渐尖；叶脉在叶上面下凹，在下面凸起。我对这种植物比较好奇，中午在勐海北部边界一小村庄吃饭时特意要了一份。用来做汤，竟然非常好吃！翻看王文采院士送我的《中国楼梯草属植物》，也提到此属可食的情况。（王文采，2014：28）云南野菜极为丰富，但野菜图谱一类书却不多见。作为乡土文化之一，各地区应当编写一些收录本地常用野菜的图书，它同时体现"两多"：生物多样性和民族文化多样性。

计划从勐阿向北，走西线，沿龙竹篷、南朗河村、麻浪、那翁、阿克希腊到曼烈，此时已接近勐海县北界。接着将进入普洱市澜沧县，经那谷、吉坐到发展河乡。

过了南朗河就是南朗河村，在村中一户人家中见到一种叶像红薯、花像小旋花、多分枝的木本植物。旋花科虎掌藤属的无疑。回北京后查到是旋花科树牵牛（*Ipomoea carnea* subsp. *fistulosa*，据FOC）。此处生长的是很粗壮的灌木，准确讲是"披散灌木"，即阳光足时长成灌木，在荫蔽环境下茎缠绕长成藤本状。《云南植物志》未记录，原产于美洲，扩散到热带许多地区。在勐海，只见到这一株。坦率地说，这植物并不难看，如果是本土种就好了。

出南朗河村开始向西上山，风景优美，在山顶附近停车进树林看植物。

豆科葫芦茶（*Tadehagi triquetrum*），首先被其

左图 豆科葫芦茶

右图 唇形科异色黄芩。
《云南植物志》称退色
黄芩。

茎的纤维强度震惊，外表纤弱却非常结实，很难用手拉断。介于草本与灌木之间，托叶较长，叶柄两侧具宽翅；总状花序腋生和顶生；花冠紫红色；荚果长条形，密被白色糙伏毛。

唇形科异色黄芩，特点是叶近似基生，椭圆形；叶脉带紫色，侧脉4～5对。之前在勐阿管护站的思茅松林中已见过。现在是盛花期。

叶下珠科（原大戟科）毛银柴（*Aporosa villosa*），叶互生，革质，阔椭圆形，全缘或具稀疏的波状腺齿，侧脉6～8条，未达边缘便弯曲与二级脉网结；叶下面主脉、叶柄、果实均具毛；蒴果椭圆形，果柄极短。枝上有残存的旧果，已开裂。

壳斗科棱刺锥（*Castanopsis clarkei*），《云南植物志》称弯刺栲。叶长椭圆形，顶端短渐尖，基部圆形至宽楔形，稍偏斜，边缘有疏锯齿；侧脉13～19对，直通叶缘的锯齿尖；苞片针刺状，密生，刺弯曲，下部三棱形，种苞内坚果1枚。

壳斗科泥柯（*Lithocarpus fenestratus*），《云南植物志》称华南石栎。幼枝有黄色细绒毛；叶窄椭圆形至卵状披针形，顶端渐尖，基部楔形，全缘；叶侧脉11～15对，叶下面二次脉明显；花序圆锥状，雌花萼片10～13裂，裂片披针形，尖端紫红色；壳斗扁球形，

左上图 叶下珠科（原大戟科）毛银柴

右上图 壳斗科棱刺锥

下图 壳斗科棱刺锥，叶的上面、幼叶的下面和总苞。

右页图 壳斗科泥柯的幼叶

左图 壳斗科泥柯

右上图 壳斗科湄公锥

右下图 壳斗科湄公锥
的总苞

幼时外面有绒毛。李剑武告诉我，此植物还有一个识别特征：叶背面稍弯折，会出现白色粉末状的东西。

在接近山路的垭口时，采集了许多壳斗科湄公锥坚果。直接生食，脆甜解饿，只是剥开总苞有点费劲。

下坡时见金毛狗的大蕨叶，非常漂亮。再次上坡时看到闭鞘姜科（原姜科）闭鞘姜，它的一个地方名是老妈妈拐棍。直立草本，上部常旋转；叶长圆状或者披针形；穗状花序顶生，花白色；苞片红色；花萼革质，粉红色。

再翻过一座山，下坡时西侧是优美的山间稻田。见葡萄科火筒树（*Leea indica*），二回羽状复叶，边缘有锯齿；二歧聚伞花序；果实扁球形。在小溪边见豆科白灰毛豆（*Tephrosia candida*），灌木状草本，羽状复叶，总状花序顶生或腋生，花冠白色。它是外来种，原产于印度和马来半岛。后来在打洛又见到。再次上坡，在茶园附

近看到唇形科紫珠属的一种植物。报春花科（原紫金牛科）白花酸藤果（*Embelia ribes*），圆锥花序顶生，长15厘米；果实紫黑，直径3毫米左右。豆科大叶千斤拔（*Flemingia macrophylla*），直立灌木，高1.2米；叶指状3小叶，叶柄长5厘米，边缘具狭翅；小叶片纸质，椭圆形至披针形，基出脉3条。在茶园边吃大果榕的榕果，里面有水，味道不好，不如在海南鹦哥岭吃过的。薯蓣科褐苞薯蓣（*Dioscorea persimilis*），叶对生，卵形；基出脉7条；雌花序穗状，成对生于叶腋；蒴果近肾形。在甘蔗田边有数株挺拔的大戟科浆果乌桕（*Balakata baccata*，据FOC），高约25米，叶纸质，长卵形，全缘；侧脉11对左右；叶柄较细，长3～5厘米。

在勐海北界附近，观察到几种蕨类。金星蕨科华南毛蕨（*Cyclosorus parasiticus*），株高70厘米；叶近生，二回羽裂；叶片长圆状披针形；羽片12～16对，近似对生，无柄；羽片上裂片深

左上图 闭鞘姜科（原姜科）闭鞘姜

左下图 葡萄科火筒树

右图 豆科白灰毛豆

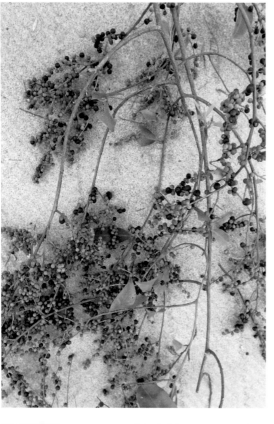

左页左上图 报春花科（原紫金牛科）白花酸藤果

左页右上图 豆科大叶千斤拔

左页左下图 薯蓣科褐苞薯蓣

左页右下图 大戟科浆果乌桕

上图 大戟科浆果乌桕，高大乔木。

左下图 金星蕨科华南毛蕨，叶的下面。

右下图 金星蕨科华南毛蕨，叶的上面。

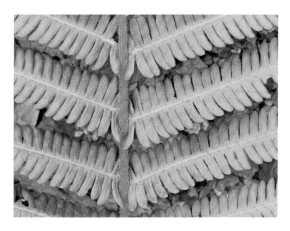

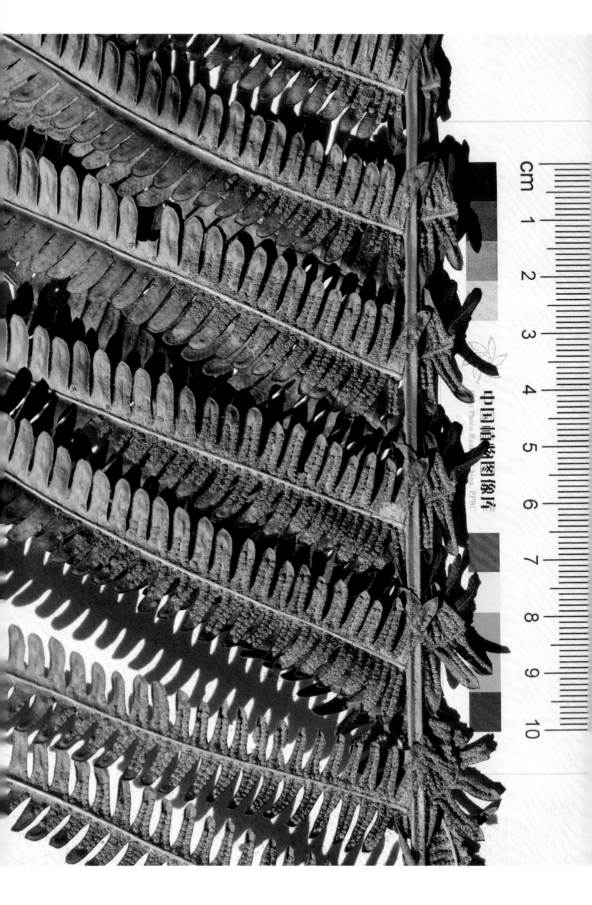

裂，20~25对，基部一对向叶轴伸展，超过叶轴；孢子囊群圆形，生侧脉中部。金星蕨科新月蕨（*Pronephrium gymnopteridifrons*），叶疏生，奇数一回羽状；侧生羽片3~8对；中部的羽片最大。补记：2019年1月7日在布朗山乡卫东见到同属的红色新月蕨。凤尾蕨科紫轴凤尾蕨（*Pteris aspericaulis*），高40厘米，簇生；叶柄棕色，叶一至二回羽状；基部一对羽片特殊，每侧再次分出一个羽片；裂片20~30对，密接，全缘，幼叶紫色；裂片上侧脉二叉分支。

　　由发展河乡沿一条新路向西翻山，过勐垒、大营盘、南雄，汇入国道G214；向东南方向继续下坡，过惠民乡，再次进入勐海境内，晚上住在勐满乡。

左页图　金星蕨科华南毛蕨干标本，叶的下面。2018年9月30日采集于勐阿北部。右侧标尺为中国科学院植物研究所李敏赠送。

左图　金星蕨科新月蕨

右图　凤尾蕨科紫轴凤尾蕨，幼叶。

3.6 金锦香相伴再到贺松：岭罗麦和千果榄仁

上图 茜草科岭罗麦

下图 茜草科岭罗麦的
果实和叶

右页图 千果榄仁的叶

2018年10月1日，由勐满镇出发到勐遮镇，一路下坡。先进橡胶树林观察，早晨刚割过胶。在路口看到一株茜草科大树，解剖了果实，确认是岭罗麦（*Tarennoidea wallichii*）。乔木，可长到20米；叶革质，叶柄长1～3厘米；叶倒披针状长圆形，基部楔形，叶全缘，有大波纹；侧脉5～12对，不直接通达叶缘，叶脉在叶上面下凹，在叶下面凸起；浆果球形，直径1厘米左右，果顶部有黄色的花萼落斑。一种头部粉红的蛾子幼虫在果实上钻洞，啃食种子。

向北偏西方向流淌的南满河东岸，有数株较大的使君子科千果榄仁（*Terminalia myriocarpa*），花序刚长出来，若是再晚一点，就能一睹其满树繁花的景象了。开花时差不多人人都能认出它来。此乔木能长到35米高；叶对生，长椭圆形，基部钝圆或浅心形；侧脉15～25对，平行；大型圆锥花序，通常顶生。7年前我在夏威夷见过其开花时的盛景。又行几千米，见葫芦科红花栝楼的藤子高悬于树枝上。刚开过花，迟了一步，不过依然能欣赏到其高雅的气质。草质攀缘藤本，单叶互生，叶纸质，3～7掌状深裂；雌雄异株，苞片深红色，花梗红色，花冠粉红色。我本人非常喜欢栝楼属植物，希望某个植物园能够集全勐海县的各种栝楼种

葫芦科红花栝楼，刚开
过的花。

上图 使君子科千果榄仁

下图 葫芦科红花栝楼，
叶与花。

类，让更多人了解它们。距离红花栝楼不
远，路边有五加科多蕊木（*Tupidanthus
calyptratus*），初为直立灌木或小乔木，后
分枝攀缘而成大藤本；小叶7～9，无毛，
革质；侧脉20～30对。树林中，大树上缠
绕着豆科扭果苏木（*Moullava tortuosa*），
木质藤本，高8米，小枝被白粉，散生钩
刺；二回羽状复叶，羽片10～20对，叶
柄基部有膨大的关节，关节至第一对小叶
的中间有黑色腺体；小叶13～34对，无
柄，小叶基部截平，极不对称，外形如水
果刀，中脉接近于"刀背"。这类植物的
叶上有倒钩，拍摄时宜特别小心，否则容
易被钩掉一小块肉！

中午到达勐遮坝子，道路两侧是水稻和荷花田。路边有高一米左右作为行道树特意栽种的降香黄檀小苗，另杂生柠檬桉、银合欢、喜树。喜树的树叶几乎全部掉落，枝头挂满了放射状的果序。曼根村口有一座较大的佛寺，停车观察。佛寺门口右侧高大的高山榕（*Ficus altissima*）没有果，树上附生的大花万代兰正在开放，花瓣淡紫色。曼根佛寺院内除了常见的杧果、椰子外，西侧有一株高8米的山榄科滇刺榄（*Xantolis stenosepala*），叶侧脉15～17对。《云南植物志》称狭萼荷包果，当地人称鸡心果、骂榜、漫板树。此种的模式标本就采于勐海。后来在南糯山和曼瓦瀑布也见到过。

曼根佛寺西侧墙边有多株树皮粗糙的乔木，高约12米，三回羽状复叶。似曾相识，但一时想不起来。用105镜头拍摄，放大看花，

左上图 五加科密脉鹅掌柴

左下图 豆科扭果苏木，叶的下面。

右图 豆科扭果苏木

应当是紫葳科的。花冠筒细长，5～8 厘米左右。花冠裂片 5，上部 2 片相对较窄并相互靠近，纯白色；两侧各 1 片，和下部 1 片形状相同，白中有淡粉色。雄蕊 4，2 强。于是才判断为紫葳科老鸦烟筒花（*Millingtonia hortensis*）。据说树皮可入药，煎服治皮炎，也能驱虫、解毒。老鸦烟筒花属中只有此一种，是为单种属。后来在布朗山乡的佛寺再次见到。

在去巴达的路上，于里程碑大约 19 千米的一转弯处，有临时设置的边境检查站。主要查贩毒，查得非常细致。先验身份证，然后询问来此地做什么，再检查车内各处。听说我是专程看植物的，半信半疑，不过还算很客气。离开主路向左前方行驶，21 千米处路面由柏油路变成了石块路，颠簸，将持续到 55 千米处的巴达，中间在 42 千米处路过贺松，有约 600 米长的水泥路。这段路一个月前就领教了，记得很清楚。

在岭上一村庄停车拍摄唇形科大青属赪桐（*Clerodendrum japonicum*），赪读作 chēng。原来分在马鞭草科。类似的，*Caryopteris*

也调到唇形科。

天气忽晴忽阴忽雨，十分钟内就能变好几样。阳光照耀下，突然一股浓雾飘来，林间迅速变得白茫茫，先是树干变黑，接着周围整个暗下来，照相机对焦都困难。一小时内，雨下了四次，自然也晴了几次，抓紧时间搜寻、观察、拍摄、采样。

一路可见野牡丹科星毛金锦香（*Osbeckia stellata*，据FOC），茎四棱形，被密或疏平贴的糙伏毛，多分枝；叶纸质，卵状披针形，近全缘；花瓣4，紫红色或粉红色；金色的花丝十分明显。金锦香属是林奈以其弟子、牧师奥斯贝克（Petr. Osbeck，1723—1805）的名字于1753年命名的。我查了一下林奈的《植物种志》，第345—346页此属只描述了一个种金锦香（*Osbeckia chinensis*）。林奈当时把奥斯贝克的名字简写作Petr.，而在英语世界一般写作Peter，如David Gledhill的《植物的名字》第4版。奥斯贝克的两卷本英文版《中国和东印度群岛旅行记》，包含同样是林奈弟子的图伦（Olof Torén）写的《印度苏拉特旅行记》，2006年广西师范大学出版社出版了节译本。实际上奥斯贝克的书先出了德文版，之后才由 J. R. Forster 译

左图 唇形科（原马鞭草科）赫桐

右图 野牡丹科星毛金锦香

紫葳科老鸦烟筒花

成英文。林奈在致弟子奥斯贝克的信中说："我惊喜地读完您的大作。无疑，讲述旅行故事的若干图书颇受公众欢迎，毕竟新的发现总能满足读者的好奇心同时扩展其理解力。但是已出版的多数相关作品，用粗俗的名字描述他们的发现，吊足了我们对知识渴望的胃口，却不值得真正关注。先生您以科学的眼光游历各处，您对所见植物的属和种进行了清晰分类。由于这一点，我本人似乎在与您同行，在用我自己的眼睛检视您看到的每样东西。如果游记如此撰写，科学将会从中真正受益。我祝贺先生，您已摸索出一条道路，世人将沿您的足迹前行；有如此追求的人们也将会记住您这位先行者。"（Osbeck，1771：preface）

许多游记喜欢滥情。描述不精，情感抒发过多，读后想一想，几乎没有实质性收获。他或她看到了什么？那里究竟有什么？其实作者可能并不清楚也不想搞清楚，因信息缺乏，读者自然无从判断。

林奈为何极其成功？其中一个方面是他派出了一批弟子到世界各地考察，能不断收到反馈。他们都接受了导师的培训，走向世界各地，能以博物精神、科学之光照亮所到之处。他们仔细观察、辛勤采集、细致分类命名，的确加深了人们对整个世界动植物的认知。上帝创造自然秩序，林奈让人们认识到这种秩序。林奈的秩序显然是人造的，并不能称为自然秩序，但是他给出了一种好的办法，织就了好的人工之网，此网对于理解世界是重要的、可行的工具。有了性体系和双词命名法，植物学不快速成长都不可能！说到底，林奈以独特的方法满足了时代的需求，超出那个具体的时代来评论其工作的精细程度、体系是否自然，意义不大。

尼泊尔水东哥常见，大部分有果序。在大雨中发现了蔷薇科褐毛花楸（*Sorbus ochracea*），小乔木，老枝具白色皮孔；叶片卵形或椭圆状卵形，侧脉 10～12 对；复伞房花序；果实近球形，先端萼片脱落留下凹坑。冬青科多脉冬青（*Ilex polyneura*）的果实刚变红。此时雨水很急，为了拍摄它，全身淋湿。乔木，叶纸质，长圆状椭

圆形至卵状椭圆形，基部楔形至圆形；侧脉 12～20 对；假伞形花序腋生，花序轴极短；果球形，红色。

在里程碑约 33 千米处见果实已成熟的滇五味子，《云南植物志》称云南铁箍散，它与翼梗五味子相近。上月来还没有变红，如今全红。可当水果吃，不似东北的五味子那么酸，而以甜为主。若作为水果开发，存贮是个问题！不过，多数人可能不会同意我的建议。

进贺松草果谷，看桫椤、秋海棠等，不提。草果谷要在家门口就好了，随时可进谷看植物。

接近贺松时，看到苦苣苔科斑叶唇柱苣依然旺盛地开着蓝花，就好像花期刚刚开始一样。此种如能驯化，将为苦苣苔科园艺增添光彩。

3.7 沿仙人足迹拜访古茶树

贺松天气多变：阴了，转晴，接着又下雨，转晴。10月1日下午15：20到达贺松，路边里程碑显示42千米。"贺松"是傣语地名，意为南孙河的源头。全名很长：云南省西双版纳傣族自治州勐海县西定哈尼族布朗族乡曼佤村民委员会贺松村。离天黑还远。计划提前，想今天下午就实施上次因大雨未能成行的拜访茶树王的计划。

打电话跟则罗书记联络，由其公子和村民黄先生带我上山看古茶树，我爱人则留在则家与其女儿一起喝茶。越野车奔南山顶的水库方向，行驶在十分泥泞的盘山路上，小则驾驶技术非常好。

山北坡一个月前我曾顶着中雨步行直穿而过。美元符号 $ 中 S 是山路，竖线就是我步行上山的小路，在林下隐约可见。下山时雨变大，走了较远的 S 大道。那次上行了全路的三分之二，因此下半截路两侧的风景都比较熟悉。尤其是那株特别的山茶科叶萼核果茶，所在位置记得清楚，乘车上山时很快就与它第二次相见。准备下山时停车再细看，并采摘果实。

最后一段路，越野车也无法行进，只好下车步行。只有我和黄先生快速前行，小则留在车上。山顶有一水库，名叫贺松茶王树水库，1995 年竣工，2013 年加固，坝长 50 米，坝顶海拔 1941 米，总库容 40 万立方米。沿水库左侧（北侧）进入森林，16：41 在树林中见到了标号 202（标牌为西双版纳农业局制）的第一株大茶树，在一斜坡上。说实话并不壮观，树干下部基本没有分枝，零星见到几片叶。树周围被清理过，绕树桩保护大茶树的铁丝网已经坏掉。

左页图 五味子科滇五味子

本页图 贺松山上树林中的 202 号古茶树，它是大理茶，而非普洱茶。

茶树王遗迹上方的一株
山茶科西南木荷，也称
红木荷、红毛树。

十分钟后来到一块开阔地，这就是号称树龄1700年的古茶树王所在地，现在已是遗址，修有一六角纪念亭，亭内有石碑。事后得知，这个亭子名叫"世界茶祖纪念亭"（据陈升茶叶公司立的一块"八严禁"牌子）。

先没有看石碑，而是看亭子上方一株大树。带我上山的老乡当场向我指认，是红毛树。文献上记载古茶树王边上有一株红毛树，应当就是这株，这没有问题。红毛树到底是什么树？正式植物名称中并没有红毛树。两次考察中当地人多次提到某大乔木是红毛树，但通常因树甚高大，除了树皮什么也看不清。一个月前在苏湖就曾远远望见一株高大乔木，下部半侧空心。当地人说是有毒的红毛树，不让靠近，似乎暗示它是桑科的见血封喉。我还是走近了仔细瞧，由于太高，无法看清叶子。树皮粗糙，纵裂。放大照片看叶的基部，为楔形，而不是圆形或浅心形，因而觉得它不大可能是传说中的见血封喉。

更多证据显示红毛树不可能是桑科植物，而是山茶科的。结合前两次考察中在光线好的情况下拍摄的西南木荷果和叶，确认红毛树就是《云南植物志》和FOC所称的红木荷（*Schima wallichii*），《中国植物志》则称西南木荷。《云南植物志》还保留了一行重要信息：红木荷在云南的景东也叫红毛木树。这是直接文献证据。总结几条特征：老树干树皮纵裂；蒴果球形5瓣裂；叶革质全缘，基部楔形；叶脉黄色，嫩枝、叶柄和叶下面有淡黄色柔毛。叶较宽、叶背面淡黄色柔毛可明显区别于银木荷。

回到1700年的古茶树遗址。在地面找到大量木荷属植物的果实，蒴果圆球形，5裂，实测直径22毫米，应当是红毛树掉落的。

目前古茶树王已消失得无影无踪，原址人工修建的水泥亭子还完好，亭中灰色石碑的碑文如下：

巴达贺松 1700 年野生型古茶树王位于东经 100°06′34″，北纬 21°49′45″，海拔 1910 米。于 1961 年 10 月发现，后经省农科院茶叶研究所的张顺高和刘献荣两位专家实地考察，确定它是一株千年野生型古茶树。

古茶树王生长在土层深厚、植物丰富的原始森林里，属直立型大乔木，枝干较少，分枝部位较高，主干直径 1.03 米，树高 32.12 米，根径围 2.9 米，距地面 1 米左右紧密并生着粗壮的 4 枝一级分枝，其直径在 25～40 厘米之间；后来不幸被大风吹断，树高仅剩 14.7 米，树幅 8×8 米。叶椭圆形，叶长 14.7 厘米，叶宽 6.4 厘米，平均 7～8 对叶脉，锯齿 28 对，叶缘缺刻浅，叶间距平均 3 厘米左右，枝干灰白，生长势强，鳞片和芽叶均无毛，芽叶黄绿带紫色；花特大，花径 7.1 厘米，花瓣 12 瓣，子房多毛，柱头 5 裂，属大理茶种。1962 年 1 月，经专家联合认定，树龄超过 1700 年，成为当时发现的世界上存活树龄最长、树势最高、最大的古茶树，被誉为"茶树活化石""野生茶树王"，并于 1992 年 5 月载入《中国茶经》茶史篇中。

经新闻媒体的报道后，震惊茶界，巴达贺松 1700 年野生型古茶树王的发现，推翻了"印度是世界茶叶原产地"的论调，有力证明了中国才是世界茶叶的发源地，证明了勐海县是世界茶树的起源地中心之一，其意义重大而深远。

勐海县人民政府立

2013 年 9 月 9 日

"巴达"是傣语地名，意为有仙人足迹的地方，境内有一巨石，巨石上有一大脚印。到巴达看古茶树，也就是沿着仙人、先人的足迹拜访古茶树。此碑文所述的海拔高度与水库石碑的数据矛盾，这里比水库坝顶高出许多。核实海拔数据，以前是瞬间的事情，现在则要"科学地"使用谷歌地图。

碑文中还有几处需要说明一下。先说"巴达贺松",文献上常说巴达贺松,意思是贺松为巴达下级行政区。2013 年时,还是巴达乡,但现在巴达乡已合并到西定乡。现在巴达地名还在,却已无乡级行政地位,取而代之的是"云南省西双版纳州勐海县西定乡曼佤村"。现在的巴达,与贺松也不在一个地方,两者相距十余千米,开车行走在石块路上也需要很长时间。贺松也归属于曼佤村。换句话讲,现在的巴达地位与贺松一样,都是曼佤村村委会之下的自然村。上述古茶树并不在现在意义上的巴达自然村,而在贺松自然村。1961 年 2 月,刘献荣在勐遮茶叶收购组的帮助下,首次步行三天进入大黑山勘察该古茶树。同年 10 月,刘献荣与张顺高第二次到巴达大黑山,对古茶树进行了采样和测量,测得树高为 32 米。返回后,样本送到茶科所鉴定,同时送到中国茶叶研究所。早在 1788 年,英国博物学大佬班克斯就建议印度从中国引入茶树。1824 年驻印度的苏格兰人勃鲁士(Robert Bruce)在印度阿萨姆省发现野生茶树,之后又不断有野生茶树发现。于是就有人宣称"茶树原产于印度",这就对"中国为茶叶原产地"提出了异议。文献中说,当时中国还没有发现野生大茶树(此说法字面上就有争议)。1877 年拜尔登(Samuel Baildon)在《阿萨姆茶树:关于阿萨姆省茶叶的起源、文化和加工的短论》(*Tea in Assam: A Pamphlet on the Origin, Culture, and Manufacture of Tea in Assam*)中甚至说,中国和日本的茶树是由印度输入的。(庄生晓梦、张顺高,2017:91—92)可以想见,贺松古茶树的发现当时的意义有多么重大。不过,*Assam* 一词还是牢牢地镶嵌在了学名中,如今普洱茶学名 *Camellia sinensis* var. *assamica* 中的变种名 *assamica* 就来自印度的阿萨姆省。

张顺高 1963 年在《茶叶通讯》第 1 期发表的《巴达野生大茶树的发现及其意义》经常被提起,我也很想看看当初是如何描述的。但是上世纪 60 年代作为内部资料出版的《茶叶通讯》,北京大学图书馆并无收藏，有的只是 80 年代后的。孔夫子旧书网却有，甚至多家在出售，定价 500 元到 1000 元不等。

碑文中说"花瓣 12 瓣，子房多毛，柱头 5 裂"，与植物志关于大理茶的描述"花瓣多至 11 片，子房有白毛，5 室，先端 5 裂"一致。与植物志关于茶的描述"花瓣 5～6 片，子房密生白毛，花柱无毛，先端 3 裂"不同。

我国的古茶树有 200 多处，依据子房数、花柱裂数、枝叶形态，陈亮等将茶树分为大厂茶（*Camellia tachangensis*）、厚轴茶（*C. crassicolumna*）、大理茶（*C. taliensis*）、秃房茶（*C. gymnogyna*）和茶（*C. sinensis*）共 5 个种，而在茶之下又分普洱茶（*C. sinensis* var. *assamica*）和白毛茶（*C. sinensis* var. *pubilimba*）两个变种。（陈亮等，2000）在此分类下，中国古茶树主要分布区有四个。1. 横断山脉分布区。云南西南部和西部，地处青藏高原东延部的横断山脉中段，怒江、澜沧江流域。目前已发现的树体最大、年代最久远的大茶树都分布在该区，如著名的巴达大茶树（直径约 100 厘米）、千家寨大茶树（直径约 120 厘米）、邦崴大茶树（直径约 114 厘米）等，其余树干直径超过 100 厘米的大茶树也几乎集中于此。主要形态特征是高大乔木，叶大革质，嫩枝、顶芽、叶片均无毛。花冠大，花瓣 10～13 枚，子房 5（4）室，花柱 5（4）裂，果皮厚 2～3 毫米，属于大理茶，亦偶见花柱 3 裂的秃房茶等。2. 滇桂黔分布区。花瓣 9～15 枚，花柱 4～5（7）裂，蒴果扁球形或球形，代表种是大厂茶。亦有花柱 5 裂的厚轴茶等。3. 滇川黔分布区。花瓣 7～10 枚，花柱 3（4）浅裂，多属秃房茶，少数为普洱茶等。4. 南岭山脉分布区。分类上多归属于普洱茶。（王平盛、虞富莲，2002）

按《中国植物志》，通常所说的茶（*Camellia sinensis*）除原变种外还有两个变种：白毛茶和香花茶。按 FOC，茶除了原变种外还有三个变种：白毛茶（*C. sinensis* var. *pubilimba*）、普洱茶（*C. sinensis* var. *assamica*）、德宏茶（*C. sinensis* var. *dehungensis*）。三变种均子

房 3 室，顶部 3 裂，蒴果 1～2 室。

也就是说，按狭义的茶的定义，上文大部分古茶树均不是茶。上述贺松的茶树王是大理茶，也不是茶。2018 年虞富莲说，勐海目前分布大理茶、普洱茶、苦茶、德宏茶、白毛茶 5 个种和变种，没有全国到处分布的茶（*C. sinensis*）（也没有大厂茶、厚轴茶、秃房茶）。换言之，勐海没有茶！

字面上这样讲并没有错，但实际上会有很大的误导性。又回到什么是"茶"。植物学狭义上只把一个种和种下的变种定义为茶，广义上则把一个属 *Camellia* 下的若干种（不是全部）定义为茶。

虞富莲先生提到的"苦茶"学名也很麻烦，原来它是普洱茶的一个变种 *C. assamica* var. *kucha*，FOC 把普洱茶本身变成了茶的一个变种，根本没有收录苦茶，理论上苦茶的分类地位（如果存在的话）将进一步下移为一个变型。此时有人反其道而行之，把它提升为一个种 *C. kucha*！（石祥刚等，2008）

除了茶的窄定义与宽定义之外，还有两个问题：千年古茶树到底有没有？如何看待古茶树的价值？2018 年 9 月 29 日，在第十届勐海（国际）茶王节上，中国农业科学院茶叶研究所研究员虞富莲老先生的报告《勐海古茶树资源的优势与利用》提供了比较中肯的观点。虞富莲先生指出，目前关于古茶树年龄的认定还没有标准，古茶树不一定是大茶树，大茶树不一定是古茶树。树木每年长一圈形成年轮，在树木的横截面上呈近似的同心圆。宽 1 厘米的树干横断面一般有 4～5 个年轮，即一年树干长粗 2～2.5 毫米。直径 100 厘米左右的茶树，半径是 50 厘米，根据 50×4=200，就有 200 个年轮。换言之，直径 100 厘米（围径 314 厘米）的茶树，树龄是 200 年。根据虞富莲等专家实测数据，直径 76 厘米的树，树龄约 136 年，直径 52 厘米的约 109 年，直径 38 厘米的 90 年，直径 18 厘米的 35 年。然而，云南省茶科所 1985 年用茶籽播种的茶树 2016 年直径已达到 43 厘米。

那么我们能喝到千年的茶吗？虞富莲说："真实性还有待商榷。"目前，云南多数散生茶树都是20世纪五六十年代或七八十年代所栽，一二百年树龄的多是原始林中的野生茶树，但千年茶树目前尚未发现。（陈浩，2018-09-30）

回到贺松已经死亡的茶树王。立碑时，这株古茶树王已经死亡约一年，碑文却丝毫没有提及大树已经死掉的事情。

它是如何死的？死之前有人描述过它吗？

2010年10月26日图晓宇一行4人到巴达山拜访了野生型古茶树王。另三人是茶吧站长"木木"、超级版主"自然"和向导岩砍三。图晓宇在博客中写下这样一段文字："不知不觉就到了茶树王所在地。这是被小苦竹林包围着的一小片缓坡，在一棵巨大的红毛树下方，茶树王依然健在，但我觉得比在图片上看到的更为粗大、苍老。我忍不住想走上前拥抱住茶树王古老的身躯，抬头仰望那高入云天的枝叶，感受着那1700多年岁月的沧桑。我突然觉得这棵茶树王的干茎有点像人的手，那一米多高的主干上并列的四个粗枝就像人的食指、中指、无名指和小指，而在大拇指的位置原本也有一粗枝，但不知在多少年以前就已枯朽，现仅存一个中空的残桩及残桩边缘萌发的一根细枝。"照片显示，"茶树王"大树周围有人工埋下的防护树桩，高约2米，近20根。树桩上平行于地面等间距围绕着7层带刺的铁丝。茶树王主干离开地面不远就分出五个分枝，形如手指，2010年时已经只剩下四指。图晓宇拍摄的多张照片中，茶树王和附近的一株红毛树"同窗"。

图晓宇最后写道："拜别了巴达古茶树王，我的心情却很沉重。想为保护茶树王做点什么，却又不知做什么好，只能在心底一遍又一遍地祈祝：'茶树王，珍重！珍重，茶树王！'"

然而，非常遗憾的是，木桩、铁丝和祈祝，都没能保住这棵茶树王，更不用提各级政府对这棵茶树王的重视了。

"南木茶堂"等人2011年4月19日又拜访这棵古茶树王，近距离拍摄了照片，它还活得挺好。可是谁能想到，仅仅过了17个月，2012年9月27日，茶树王被风吹倒仙逝。政府委托勐海陈升茶业有限公司永久保存古茶树王的"遗体"。

有人为此写下了充满激情的文字："如同拜别一位老人/人们悲戚着前来送行/却发现在你倒下的地方/一株株小茶树站立起来/叶奋力地伸向蓝天/根用力地扎向地底/坚定、顽强、蓬勃地成长/就像1700多年前/你站在这里时一样。"（佚名，2012-11-19）

2018年10月1日我来到了这个地点，红毛树还在，甚至红毛树高大树干上附生的姜科和蕨类植物都没有什么变化。贺松第一号古茶树王却不见了，附近也没有上述诗歌中想象的伸向蓝天的小茶树苗，而是唇形科、姜科、荨麻科、野牡丹科的一些杂草。亭子边甚至有多处野外用火的痕迹！这里可以生火？不可思议。

茶树王倒了，死了，还能做什么？一个悬案倒是可以解决，因为它死了，"尸体"还在，可以直接检测年轮，从而确证或否定原来1700年的说法。我一直没有找到相关的检测结果，我相信有人做过。猜测一下，如果超过了1700年，估计早就有新闻报道了。对我这样一个局外人而言，1700年和700年，没有太大差别，反正是大茶树、古茶树，都值得好好保护。

古茶树王在近期死亡，并非个例。

1986年，四川宜宾大茶树死亡。1994年，云南省西双版纳州勐海县格朗和乡南糯山，被认定为树龄800多年的栽培型茶树王死亡。2001年云南云县唯一的一株大苞茶（被《中国物种红色名录》列为极危物种）没有得到有效保护，被风刮倒死亡，而且令人惊奇的是长期以来没有采用无性繁殖手段保护该物种。（赵东伟、杨世雄，2012）2017年8月22日，云南省西双版纳州勐腊县易武乡落水洞茶树王死亡。

为何死亡？原因可能违反常理：由于人们的关注！这也是平心静气后最弱的表述，并非没有道理。关注可能有利于保护，也可能不利于保护。这也是我们通过《博物理念宣言》的初衷。

马哲峰认为："南糯山栽培型茶树王、巴达贺松野生型茶树王与易武落水洞茶树王，这三棵茶树王由于自身的重要性，以及所在南糯山、巴达山与易武山在普洱古茶山中的显赫地位，助长了它们的知名度，所以才会更加被人们关注。""茶树王衰亡的主因是树老心空"，"但人为的过度开发利用，加剧了其衰亡是不容忽视的因素"。1994 年衰亡的南糯山茶树王在 1952 年被发现，专家确定树龄在 800 年以上，被列为国家重点保护文物。1983 年政府部门拨款整修了 823 级台阶，在茶树王旁边建盖了一座六角亭。1986 年又用贷款修建了通往南糯山的公路，随后专家、游客络绎不绝，这里也成了一个著名旅游景点。易武落水洞茶树王，多年前树下方土壤坍塌后根外露，砌墙加以保护。为了应对每年纷至沓来的游客，2013 年加了围挡。"自身的衰老是主因，不尽恰当的保护，外来人员的因素同样加剧了茶树王的衰亡进程。"马哲峰讲得很好："云南名山古茶园吸引着越来越多爱茶人上山寻茶，这是一个无可逆转的时代潮流，身处这样的时代洪流之中，每一个爱茶人都应当自律，自觉自愿的 [地] 爱护古茶树。"（马哲峰，2017–08–27）

云南多个地区分布着古茶树，明里暗里大家也在争谁的古茶树更多、更高、更古老。这显然有经济利益搅在其中，现代社会中人们容易看到的是万事万物潜在的金钱价值。实际上，即使为了钱，也有小尺度考虑和大尺度考虑的差异。内耗其实意义不大，反而可能两败俱伤。从植物地理学上看，这一带都是天然古茶树和栽培型古茶树的分布区，如果"申遗"的话，最好联合行动，避免内斗而两败俱伤、渔翁得利。

不过，勐海的古茶树资源确实非常多、非常特别。国家种质勐海茶树分圃到 2001 年共保存了 797 份大叶茶资源，为野生大茶树的迁地保护、鉴定评价、创新利用提供了稳妥的基地。（王平盛、虞富莲，2002）2018 年 9 月虞富莲先生再次肯定："全球最早发现

上图 贺松山上树林中的 203 号古茶树，也是大理茶。

下图 龙胆科杯药草，李元胜摄影。

的最高大、最古老的栽培型和野生型大茶树都在勐海：1952 年苏正发现了著名的栽培型南糯山大茶树，1961 年张顺高、刘献荣发现了震惊海内外的野生型巴达大茶树。"勐海是中国较早发现野生茶树资源的分布地之一，也是目前我国最南端的野生茶树资源分布区，有世界上迄今保留连片最大的 7 万多亩（2018 年 9 月统计）栽培型古茶树群落。

17：00 老乡又带我看了另一株活着的大茶树，标号 203，小标牌折断了，只剩下一半。此时下起大雨，急忙往回走。

补记：2019 年 1 月 10 日李元胜传来一张拍摄于山上水库北侧林下枯叶中的寄生草本植物的照片，植株高 10 厘米左右，叶膜质，鳞形，单花顶生，花冠淡紫色。刘冰鉴定为龙胆科杯药草（*Cotylanthera paucisquama*）。

看过古茶树 202 号和 203 号，急忙下山。下山途中找那株叶萼核果木，竟然一时寻不到，上下两次才找到。迅速采集果实。17：30 则书记回来。寒暄几句，书记告诉我，上月我走后他还出差到了北京，由于日程特别紧，没有与我联系。则书记还特意向我展示了上月茶王节时贺松村得到的奖状："古树晒青"获得第十届勐海（国际）茶王节茶王赛"古树茶"金奖。告别则书记，继续开车奔10千米外的巴达，当晚将住在巴达。

巴达村停满了满载石料的大货车，前方正在修路。马路边有一豪华工地，看架势是一大户在盖新房，正在打地基，一打听是曼佤村委会的项目，据说投资500万元。吃晚饭时见到一株高达3米的秋海棠开着红红的花。特意点了一份野蕉花做的汤。店家的小狗非常可爱。

明天将试着过检查站，向边境方向行进。据说一过检查站就是泥泞的土路。我租的不是越野车，估计走不了多远就得返回，直达打洛估计没戏。

3.8 红色的栝楼和绿色的闷奶果

10月2日一早试着向西行进。原计划一直开到边境，然后顺河边小路到著名口岸打洛。我这辆车不适合走那条泥泞的"7"字形道路，则罗书记说开越野车倒是可以。果然，走出不到500米，刚过巴达的边境检查站（就在巴达，不在边境），水泥路面消失，硬底的石块路也不存在，变成了布满黄色稀泥和深厚卡车车辙的路面，装载着石子的大卡车偶尔经过。我的车如果开进去，会拖底或打滑。

准备调头时，发现左前方修路的劈面上部林缘挂着多串"小红灯笼"。又是红花栝楼?

早晨树丛散发着淡淡的雾气，我一边远距离拍摄，一边想着靠近观察。此时两名荷枪的士兵走过来询问。当我看植物时，他们只是一直站在那里观察，防止我搞出别的名堂，但没有阻止我绕路爬上山坡靠近那些"小红灯笼"。大约用了10分钟，顺利绕过泥坡，从上部灌木丛横向穿插到目标周围，就近拍摄，并摘了两串 7 个果实返回路面，靴子和身上都蹭了黄泥。确实是栝楼属，但是果为倒圆锥形，末端是尖的，具喙，不同于几天前在勐翁见到的球形红花栝楼。叶子轮廓近圆形，槭叶状，五角，并非深裂。当场解剖了一只果实，瓜瓢仍然是黑绿色，一种非常难看的颜色。种子较大，脚板状，左右不对称，种脐端相对窄，新鲜时为亮黑色，干后成为暗褐色。种子长 13～17 毫米，宽 10 毫米，厚 3 毫米，要比红花栝楼的种子大许多，颜色也不同。

葫芦科马干铃栝楼的叶和果

回来后查多种资料，从叶形上可以先排除糙点栝楼、红花栝楼、趾叶栝楼。另有两个候选者：五角栝楼、马干铃栝楼。据《中国植物志》，五角栝楼种子：长 10～12 毫米，宽 4～5 毫米，厚 2 毫米，"种脐端三角形，另端渐狭"；马干铃栝楼种子：长 15 毫米，宽 8～10 毫米，厚 3 毫米，"常常偏斜，暗褐色，种脐端平截，另端钝圆或有时阔楔形，无棱线"。与后者最相符，确认所见是马干铃栝楼（*Trichosanthes lepiniana*）。后来在巴达与贺松之间两次遇到此种，采摘许多果实。解剖果实，所见种子一样。

停车，穿靴子走进西南向的一个沟谷。见夹竹桃科奶子藤属闷奶果（*Bousigonia angustifolia*）及其小苗。剖开果实，有三粒扁平的黄绿色种子，长 25 毫米，宽 13 毫米，厚 9 毫米，三颗种子排列较乱。植物志上说，子房 1 室，2 个胎座，每胎座有胚珠 2 颗。看来这只果少了一颗。种子外表只有一层薄薄的膜，这种"设计"只适合在十分湿润的地方落地后

左上图 马干铃栝楼果实

右上图 马干铃栝楼（左）与红花栝楼（右）果实对比

下图 马干铃栝楼（右）与红花栝楼（左）种子对比

马干铃栝楼，剖开果瓤，呈黑绿色。

左图 夹竹桃科闷奶果的幼苗

右图 切开的夹竹桃科闷奶果（中间），有3粒种子。上面中部是其子叶。图上还有伞花猕猴桃、滇刺榄、树葡萄、叶萼核果茶。

快速长出根，否则果实成熟后种子裸露于空气，很容易丧失水分，也容易受到物理伤害。实际生境与要求条件相符。沟谷的河溪边非常潮湿，闷奶果的许多种子在地上发出芽，目前只有两片大大的子叶。"奶子藤属闷奶果"很接地气，名实相合，用词有林奈性体系描写的味道。这个属是法国人 Jean Baptiste Louis Pierre 于 1898 年建立的，种加词 angustifolia 意为"窄叶的"。也就是说，法国人给出的名字并没有性暗示。

沟口有大量凤仙花科蓝花凤仙花（*Impatiens cyanantha*），单叶互生，叶椭圆形，边缘有粗圆锯齿；总花梗细弱；花整体呈漏斗状，旗瓣紫红色；距末端细，紫黑色。

回到主路继续向东行驶，多次见到多依、筒瓣兰、斑鸠菊、马干铃栝楼和杜鹃花科珍珠花（*Lyonia ovalifolia*）。后者《云南植物志》称米饭花。灌木，叶坚纸质，椭圆形，顶端急尖，基部圆形，叶柄粗壮；叶上面有光泽，背面有绒毛；侧脉 8～13 对；总状花序；蒴果球形，具棱。

拍摄伞花猕猴桃时，恰好遇到则罗书记，他正赶往西定乡开会。伞花猕猴桃果实跟一个月前差不多，还没有熟。咬了一个，味道不好。

上图 凤仙花科蓝花凤仙花

左中图 杜鹃花科珍珠花

左下图 杜鹃花科珍珠花，叶的下面。

右下图 猕猴桃科伞花猕猴桃

菊科斑鸠菊

博物中，薄雾

穿越红木荷，撒在

按快门的食指

融化于凤尾蕨的羽片上

五味子，猕猴桃

一左一右挂枝间

薄雾中金锦香若隐若现

博物中由科到属到种

　　一种桑寄生科梨果寄生属植物正在开花，但与中国已知种类都对不上。刘冰说，可能是小红花寄生（*Scurrula parasitica* var. *graciliflora*）。后来注意到，这种植物在勐海极为常见。路边三次遇到西南筼子梢（*Campylotropis delavayi*），灌木，羽状三出复叶，总

状花序组成圆锥花序，花冠蓝紫色。此属中文名含一怪字：竹字头下面加一个亢字，宜简化，直接用杭。

在勐海茶厂巴达基地入口的车站，茶园边东北角有一株杨梅科毛杨梅（*Morella esculenta*，据 APG）大树正在开花，为雄株。附近有蓼科金荞麦（*Fagopyrum dibotrys*）和蓼科绢毛神血宁（*Koenigia mollis*，据 APG），后者也称绢毛蓼。以后会来此重访毛杨梅。

3.9 勐遮坝子：马儿你慢些走

从贺松返回勐遮，来时经过的边检站已经撤离。下山后过曼根佛寺，在勐遮道路右侧（南侧）"艾窝洛渔业专业合作社""勐遮帕萨傣风味食品加工厂"附近的水塘中，见到莕菜科金银莲花（*Nymphoides indica*），开白色小花，叶似睡莲。

荇菜科金银莲花，2018
年10月2日。

我故意慢下来，以牛的速度前行，并不时停下来观看。美景、人生，均需慢慢享受。

马玉涛演唱的著名歌曲《马儿啊，你慢些走》也起源于勐遮。（征鹏，1996：92—93）1961年冬，李鉴尧（1930—2007）来到勐遮，看到美丽的景色写下了诗歌《马儿啊，慢些走呀慢些走》，刊于1962年《边疆文艺》（李鉴尧为主编）第2期上。中央人民广播电台认为这首诗可以谱曲，建议李鉴尧进一步修改文字，一方面要改得更合歌曲的韵律，另一方面要去掉小资产阶级的个人情趣；请解放军原北京军区战友文工团生茂（1928—2007）谱曲。提到《学习雷锋好榜样》《真是乐死人》《祖国一片新面貌》《长征组歌》，就知道生茂的地位了。生茂接到任务，专门来西双版纳体验生活，经过与李鉴尧多番磨合，终于成就了一首优美的独唱歌曲。改词过程中，周恩来总理还专门提供过指导建议。这首歌，马玉涛一唱就是50年，不但在国内唱，也到日本、朝鲜、波兰、苏联、保加利亚唱。"集体修改"后的歌词，如今40岁以上的人都熟悉。就诗歌而言，修改有得也有失。下面录出部分原诗，透过真切的字句能够想象当初的勐遮景色：

马儿啊，你慢些走呀慢些走
我要把这迷人的景色看个够
肥沃的土地好像是浸透了油
良田万亩好像是用黄金铺就
没见过青山滴翠美如画
没见过人在图中闹丰收

没见过绿草茵茵像丝毯

没见过绿丝毯上放马牛

没见过万绿丛中有新村

没见过槟榔树下有竹楼，有竹楼

哎哎哎哎哎哎哎嗨哎哎哎

没见过这么蓝的天哪，这么白的云

灼灼桃花满枝头

有人做了比较，认为"集体改词"版曲胜词逊："佳作被驱逐，个性被阉割，情感被流放，空灵被堵塞，创造被嘲笑，政治代替了艺术，概念战胜了感情，平常取代了杰作。"（黄良全：2013）"集体改词"版突出了政治，但是政治变幻莫测。"文革"期间这首歌被当作毒草，与"大跃进"千里马的意象不符。粉碎"四人帮"后，歌曲又恢复了原词，但由于"集体改词"版传播久远，人们听到的通常不是原词。

哼了几句"马儿"，中午到达勐遮镇中心。

我的任务是植物，没有忘记。但植物不能脱离环境、脱离当地人而独立得到说明。因此，还要适当瞧瞧别的。

先后参观曼宰龙中佛寺和著名的景真八角亭。两个多月时间中，大大小小佛寺已经见过五六个，印象比较深的几座是曼打傣、曼根、

勐遮镇曼宰龙中佛寺

曼宰龙、景真、曼帕和曼听（几天后在景洪见到的是总佛寺）。勐海有300多座佛寺，勐遮镇就有80多座。我接触的只是极少的一小部分，来这些地方一般也只会看看建筑和植物，对于这些佛寺，其实值得探究的太多太多。

西双版纳的佛寺也称缅寺，分僧寺和塔寺两种，前者较多。佛寺分四个等级。最高等级是叫作"瓦拉扎探"的大总寺，在宣慰府城内，位于现在景洪曼听公园边。第二等级的是称作"瓦缅勐"的十二个版纳的总佛寺。第三等级的是"布萨堂"，一般统管四个以上村寨。最后是分布在各个村寨的小佛寺。景真佛寺属于第二等级，它管辖着勐景真范围内其余25所佛寺，日常运行依靠附近的召庄、拉闷、曼竜、曼囊、景乃五个村寨供养。（张振伟，2011）

勐海佛寺建筑风格受中原和东南亚双重影响。与国内其他地区建筑相比，勐海佛寺最突出的特点可用5个字表示："多面坡重檐"。（罗廷振，1994）屋顶一般具有多重檐，俗称孔明帽。脊上装饰有火焰状的莲苞、佛塔、麒麟、凤鸟等。脊与檐限定的面坡通常有多个层面，像"瓦片"一样叠在一起，每组中大的"瓦片"在下，由下到上依次收缩，错落有致。这一特征非常明显且具有普遍性，无论建筑大小，一眼就能找到这样的特征。细尖佛塔与孔明帽结构，配合周围的植物，一黄一绿，构成独特的风景，已经成为西双版纳的标志性景观。

佛寺中体量最大的建筑是大殿，傣语称"唯憨"。通常坐西朝东，纵深大于面阔。大殿屋顶庞大、曲线优美，屋面通常以"歇山式"顶为主。说清楚"歇山式"，需要交代几个传统建筑术语。传统建筑的宏观结构从最上部看，首先看到的是屋顶，屋顶的元素主要包括脊、坡面和檐。屋顶有庑（wǔ）殿式、歇山式、硬山式（只有前后两面坡）、悬山式（面坡外伸，屋檐超出墙面）、攒尖式（无正脊或者收缩为一个点）、穹隆式、盝顶式（平顶）、重檐式等形式。庑殿式、歇山式等级较高，民居一般不可僭越。故宫太和殿为重檐庑殿顶。庑殿式有四面坡，一正脊、四垂脊。正脊指屋顶最高处两个坡面的交线；垂脊是指正脊两端向下延伸出的四条分水岭，可将屋顶分出四个斜面。歇山式整体上也有四面坡，但其中有两个坡上部被截出一个三角形"山花"，算下来一正脊、四垂脊、四戗脊，共九脊。戗脊特指在歇山式中，垂脊下部向外分出的坡度较缓的小脊。屋顶坡面下部伸出墙壁的部分称作檐，分单檐和重檐。飞檐指屋角的檐部向上翘起，翘伸如飞鸟。

曼宰龙中佛寺在勐遮镇中心，紧临街道，始建于 748 年。门口斜放着一块花岗岩大石头，上刻"曼宰龙中佛寺"，时间标着 2016 年 2 月 18 日。丑陋的电线杆、高音喇叭、街灯杆、14 根电线、变电箱、不相关的文字（扶贫宣传、电信广告、高压危险提示、寻人启事及性病小广告等），与以金黄色为主色调的美丽寺院零距离接触，显得唐突却也相处无碍。这个佛寺我已经数次路过，现在第一次进院观察。迈 14 级台阶从正门进入大院，北侧一株高大朱蕉非常漂亮，算得上寺中最具特色的植物了。另有豆科降香黄檀、漆树科杧果、桑科垂叶榕和菩提树、棕榈科椰子、紫茉莉科叶子花、大戟科一品红，并无特别之处。

曼宰龙佛寺僧舍壁画非常有名，属傣族本土型，共 7 铺半，南墙 5 铺东墙 2 铺半。这些壁画 1868 年由当时从泰国留学回来的傣族画工绘制，现在看到的是 1987 年重新摹绘的。它们位于佛寺主殿有廊檐连接的僧舍外墙上。2019 年 1 月实际看到的内容，南墙壁画从左向右（由西向东）包括：A.《三界图左》，B.《天堂地狱图》，C.《三界图右》，D.《召树屯与楠木诺娜》，E.《召烘帕罕》；东墙壁画从左向右（从南向北）包括：F.《瞿昙出家》，G.《释迦牟尼传教》，H.《松帕敏》（为三角形，相当于半铺）。此顺序与赵云川、安佳描述的顺序（BCAED-

勐遮镇曼宰龙佛寺僧舍壁画《天堂地狱图》局部之受铁刀木刑罚，2019 年 1 月 9 日拍摄。

曼宰龙佛寺僧舍壁画之一，展现的是召树屯与楠木诺娜的故事。

FGH）不同。这些壁画的构图，都采用了"一图多景"散状式连环画布局，设计十分巧妙。画面中，王子、佛陀作常人状，未被神化，看起来十分亲切。这一点与汉传及藏传佛教壁画很不一样。诱惑释迦牟尼的三魔女并未被塑造为恶人，反而呈现为舞姿翩翩的傣族少女。她们被描绘为三位皈依佛门、向佛祖作揖的傣族女子。（董艺，2012；赵云川、安佳，2013）显然，故事已经相当本地化，绘画作者很有想象力和创造力。

10月2日中午在曼宰龙佛寺东侧路边吃石锅鱼，店门口有一株栽种的白籟，供人随时摘叶食用。补记：2019年1月9日来曼宰龙佛寺重新拍摄壁画，1月11日晚再次来品尝石锅鱼，均没有忘记先看看门口那株白籟。它一直在发出新芽！

吃完饭继续前行，参观景真佛寺内的八角亭，它是国家级重点保护文物。景真佛寺位于流沙河上游南哈河北岸的台地上，大殿靠西北，八角亭在东侧。多年前我与两位朋友来过此地，还有印象。景真佛寺1956年前收入主要有两个来源：一是寺田和布赞田（一共约 20 亩）收入，二是村民供养，即赕佛。前者占比较小。此外，也曾收有少量寺奴（帕蒿）做工，即由佛寺出钱将罪犯赎身，让他们来佛寺终身服劳役。"土改"后寺院失去寺田，僧侣生活完全靠村民供养。2000—2004 年，勐海旅游业发展到鼎盛，小和尚当时每月可领到 1000 元以上的补助。2004 年年底打洛口岸封关，旅游业衰落，佛寺的收入锐减。经协商，从 2005 年起，村民供养费用提升为每户 3 元加 1 千克米。2009 年数额变为 4 元加 1 千克米，有的村不变。（张振伟，2011）寺院经济的运行十分重要，它最终影响到当地的社会秩序、居民信仰。当年在攻读中山大学人类学系的博士学位期间，张振伟做了很好的调研工作。

景真佛寺建筑的面坡非常特别，不是黄色而是黑色，它们与檐和脊及其装饰物的黄色形成强烈对比。此时台地上院子中有豆科酸豆（罗望子、酸角）、紫葳科蓝花楹和火焰树、波罗蜜、紫蝉和软枝黄蝉、某种柏树、鸡蛋花、白兰、杧果。景真佛寺地位特别，应当

上图 勐遮镇景真八角亭

下图 勐遮镇景真佛寺

多栽种勐海本土植物，蓝花楹和火焰树不宜出现在这里。

走出大门口，遇到两位可爱的小和尚，年纪在 15 岁左右，正在摆弄一辆黑色的变速自行车。黄袍黑车橙墙灰台阶和落叶，一幅别致的图景。两人就是刚才负责收卫生费（相当于门票费，每人 5 元）的看门人。寺院本身不收费。

台地下河边有一小亭子响应佛寺，周围有梨树（结有小果）、印度榕。

从勐遮向打洛方向行进，经停曼帕村。进寺院，见鸡蛋花老树上附生了许多蕨类，兰科多花指甲兰（*Aerides rosea*）结出很大的蒴果，果序长达 80 厘米。围墙上有火龙果，墙边植有甜槟榔青（小树有果）、番木瓜、椰子、油棕、木玫瑰（较小）。西侧河边有唇形科（原马鞭草科）柚木（*Tectona grandis*）、金边剑麻、紫葳科黄钟花（*Tecoma stans*）。后者正在开花，在打洛又见。

勐混镇曼帕佛寺

一路下坡，海拔不断降低。快到打洛时，路边左侧有大量白灰毛豆，原生于印度东部和马来半岛，已在勐阿北部见过。右侧为橡胶树林，刚割过胶，侧挂的盛胶盆子中还有新的乳白色树胶，林下生物多样性较低。

下午5：10到打洛，行道树主要为印度紫檀，与勐阿类似。住湘悦商务酒店，对面就是农贸市场，便于明早观察。

晚饭点了舂豆腐、舂多依、木瓜奶、柠檬水。明知道舂多依吃不惯，点这道菜，只想更多地了解多依。天黑前向深圳快递两种栝楼果，估计收到时果子会烂掉，不过种子不会有问题。事后想明白，应当到景洪再寄，打洛寄出的东西有额外的安检，从而耽误时间。

左上图 唇形科（原马鞭草科）柚木

右上图 紫葳科黄钟花

下图 打洛镇，行道树主要为印度紫檀。

3.10 打洛早市：参薯与大叶蒲葵

2018年10月3日早晨7：40，用手机查天气，北京、勐海均为21℃，昆明12℃。

早市上薯蓣科的参薯又大又红，看着就十分喜人，购买5千克寄回北京。它另外的名字是云饼山药、脚板薯。在夏威夷那一年我经常吃它，那里也有大面积栽种。

远远望见一大盆蓝紫色的果子，品尝后才知道是棕榈科大叶蒲葵（*Livistona saribus*）水煮过的果实。果实较大，直径2.5厘米左右，果蒂处红棕色。早市还有一种小芋头十分甘甜（煮熟的），长约11厘米，一头粗一头细，无法确认是哪个种。

打洛小镇比较小，开车5分钟能从头走到尾。故意向西北方向走了一段，察看沿边境小路的质量。有机会还是想从那里直通西定的巴达，中间也许能看到许多有趣的植物。不过，基本判断是，这个季节肯定不行，应当等到2—3月旱季到来之时。

上图 打洛镇早市出售的棕榈科大叶蒲葵果实，2018年10月3日。

下图 南览河由北向南流过打洛镇，远处为缅中友谊大金塔，位于缅甸掸邦东部第四特区境内。

右页图 打洛镇早市出售的薯蓣科参薯

本页图 打洛镇著名的独树成林景区内那株著名的大榕树，树上有蜂巢。

右页图 打洛镇桥边的一株榕树

　　记得"独树成林"景区那株著名的榕树上有许多蜂窝，17年后再来，还在！用长焦镜头拍摄了蜂巢。大榕树还是有些变化，上部若干树枝以及北侧的主干被截断，另外南侧距大树不远处有不锈钢的栏杆，感觉不太自然。"独树成林"体量固然还可以，声称树龄900年，但与瓦努阿图塔纳岛的著名大榕树（声称树龄800年）相比还差得远。旅游宣传中不宜过分夸张。榕树长得快，800年或900年这些数字都别当真。

打洛桥西南角的一株相对小的榕树，倒是生命力旺盛，气生根十年后将会长得更粗壮。独树成林景区的团花和金镶碧玉竹，长得还是不错的。

中缅第一寨勐景来景区内人工栽种的兰花较多，相当一些来自海南、老挝、泰国，其中一种火焰兰（*Renanthera* sp.）还算漂亮，为园艺品种。中缅边境229号界碑就处在景区内的河边。

经过勐混镇、勐海镇到景洪，晚上吃木瓜炖猪脚、炸竹虫。第二天到西双版纳南药园中看植物，确认了先前在勐遮遇见的老鸦烟筒花，专门看了绒毛苹婆、大叶红光树、金钩花、黑黄檀、见血封

左上图 勐景来景区内兰科的某种火焰兰

左下图 油炸竹虫，西双版纳的美味之一。

右图 龙脑香科羯布罗香

喉、泰国大风子、羯布罗香。下午参观曼听公园和总佛寺，10月5
日一早返京。

勐景来景区内的建筑

　　小结一下第二次勐海之行：勐海镇北部的勐阿管护站和西定乡
贺松一带，最适合观赏植物。

第4章

南糯山、布朗山和滑竹梁子

人们忘记了欣赏大自然。

—— 电影《春天里的郁金香》(*Tulip in Spring*)

4.1 九路马堡与姑娘寨的帕亚马

自南糯山的山顶往下开车，进了姑娘寨。转弯处已望见右手不远处一座红砖城堡，估计就是马原先生家。南糯山位于西双版纳州勐海县东南部，南糯在傣语中是"笋酱"的意思。

"请问，前面是马原先生家吗？"把车泊在拓宽的路西停车港湾处，我问南糯山姑娘寨的一位当地人。他年纪跟我相仿，或许小点，但晒得比我黑。

"你跟马原事先有约吗？"听得出来，他并不急于回答，或者不想随便透露信息。我赶紧说，通过县委宣传部的朋友，约好了下午三点见面。此时是下午两点半。

"找马原的人很多，一般我们不会随便讲的。"

聊天中，能够感受到，姑娘寨的本地人对马原先生印象不错，早已把他视为自己人。除非有约定，一般不希望外来人随便打扰马原先生。这也是我想确认的一点：当地人究竟如何看待马原先生这样一位外来者，特别是他还在此买地、盖房。网上曾搜索到一则旧闻，马原先生被人打伤。

马原先生跟我是老乡，都是东北人，也都是大学教授。他是中国先锋派文学的开拓者，据一位学中文的朋友讲，当代文学课上要专门分析他的作品。我不懂文学，只读过他的《牛鬼蛇神》《上下都很平坦》及新出的《姑娘寨》。后者2016年先以"姑娘寨的帕亚马"为名发表于《十月》，我读的是花城出版社后出的单行本。

著名作家马原教授，2019年1月3日于南糯山姑娘寨九路马堡。

"一场身体的变故，促使马原告别平静的书斋，从上海逃离，远走海南、云南，最终定居在西双版纳的南糯山。这里的空气、阳光和水，让马原完成了身心的修复，而疾病亦让他开始追问生命的本质。在这里他辛勤劳作，修筑书院，以一种英雄式的孤独告别过去，回归自然。本书即是他隐居南糯山的灵感闪现之作。"这是《姑娘寨》一书的介绍文字。读过马原作品的人，一定想实地看看马教授现在的住处。我没想到他构筑的四层楼高的"九路马堡"有如此大的体量，并且就在南糯山的主路旁，原以为是不很大的房子，坐落在不引人注意的树林中。

马原家自称"九路马堡"，红砖墙上刻着这四个大字，施以绿漆，马字为繁体。坐东朝西，位于马路东侧，后面是一道不算高的山岭。马路对面靠南处（左侧，海拔高一侧）有一株高大的挂满果实的楝树，叶已落尽；靠北一点（右前方）是一处隆隆作响的工地，一户外来者正在修建一座多层楼房。

马原的城堡以不规则石块作基础，上部除了钢筋水泥梁架外均用红砖砌就，不算很尖的放射状房顶覆以更红的瓦片。建筑以红、棕红为主体色调，夹杂绿色或青色条带。大门口植有叶子花、旅人蕉、光棍树，墙根种有萝卜、白菜和油菜。砖缝中还长着4种野生蕨类植物。凤尾蕨科3种：线羽凤尾蕨（*Pteris linearis*）、井栏凤尾蕨（*P. multifida*）、蜈蚣草（*P. vittta*）；金星蕨科1种：金星蕨

（*Parathelypteris glanduligera*）。细看，也有矮小的破坏草，当地常见的一个菊科入侵种。一株白菜竟然生在几乎无土的直立墙面的红砖缝中，像接受了特殊肥料一般，比其他白菜长得更精神更高大。门口挂着三个牌子：从左至右分别为竖条木质篆书"南糯山九路马书院"、方形铜质宋体书"十月作家居住地"、长方形木质宋体"大益文学院青年写作营"。

沿一个小陡坡进大门，自北沿东绕到马原家宽阔的后院，我首先注意到其作品中提到的那股山泉水。院子中有甜竹、番木瓜、夜香树、桑、盆架树、秋枫，房前屋后的石缝中特意保留了许多原来生长在此处的蕨类植物。院子正中间的一座三层角楼下植有金镶玉竹（黄槽竹的一个变种）一簇，共17根。大戟科秋枫结了无数果实，每一串果序上至少有300粒果子；此树与重阳木相似，区别在于它的三出复叶的小叶片基部宽楔形，而重阳木小叶片基部圆形或浅心形。马原说，甜竹、蕨类原来就有，特意留下来的。数株新植的盆架树长得并不好，可能是这里海拔略高温度稍低导致的。

马原家后院中的鳞始蕨科乌蕨

后院东侧山体坡面上有鳞始蕨科乌蕨（据FOC）和石松。注意：不同于《中国植物志》所说的乌蕨，此处依据的是《中国高等植物彩色图鉴》第2卷和FOC。陡坡上面是马原家的竹林，土塄上有几棵杉木和一株柿属植物。时间已晚，我没有上去。

马原右手搂着很乖的小儿子，跟我们绘声绘色地讲述了竹鼠退行的行为：在院子中他遇见一只竹鼠，它见到人后不是掉头就跑，而是眼睛瞧着人，一点一点退行。优秀的小说家总是注意观察世界、体验生活。

马原先生刚刚得了感冒，身体有些虚弱，但精神状况还不错。宣传部部长刘应枚女士上山前专门到药店购买了一些药，并耐心解释用法用量。

一个多小时的相处中，我们大致谈了对勐海的印象。"勐海五书"计划就源于马原先生的倡导，我负责其中的植物一书。以前从未谋面，此次请应枚帮助安排，自然要当面听听先生的基本设想。我们的看法很相似：乡土教育包括自然教育，先要收集整理基础信息，不能做无米之炊。根据实地考察写书出版，给游客看，给本地的中小学生看，是一系列计划中的重要环节。

"研究我们的乡土"是人类学、可持续生存层面的重要考虑。但第一推动力通常不可能来自当地，当地人最多可能从旅游开发的角度加以领会。作家马原作为文化人有认识的高度，想得比较远比较深，他的提议得到县委宣传部的重视，并且专门立项，这是一件大好事。

本来我想当面向马原教授讨教帕亚马的，读过《姑娘寨》就知道它是一个多么神奇的角色。小说的故事是虚构的，但也是有所本的。如果再有机会，也想聊聊《上下都很平坦》中江梅这个人物。但是时间有限，初次见面就谈那些恐怕时机不对。

南糯山是著名茶山，远近知名。茶商为何看好南糯山出产的茶叶？在现代化的今天，这里为何仍有魅力？答案也许就在帕亚马！

帕亚马是谁?

"在他的世界里，南糯山的原始森林是他的背景也是他的舞台。他的世界没有时间的概念，与当下具体而微的生活不发生任何联系。所有与他相联系的部分都没有变……"（马原，2018：125）

帕亚马是一种超现实的存在。

"我的困惑在于，我无法分辨出是年龄堪比彭祖的帕亚马一直活到了今天，还是我在与他遭遇的时间里莫名就回到了几百年之前。"（马原，2018：125）

帕亚马是谁我不知道，恐怕马原也不知道。但我敢肯定，它与哈尼族、布朗族、傣族的传统有关，与传统社会有关，与天人互动关系有关。哈尼语称寨神林和寨神树为普玛、帕马，意为村寨守护神。

帕亚马是虚构的，但也是现实的，他是无形的，也是有形的。他的或隐或现，提示我们尊重传统、善待自然。

身患绝症的马原在南糯山得救了，这本身就很神奇，有象征意义。帕亚马在哪里？作为一种精神，在南糯山它无处不在，在勐海大地它无处不在。但随着现代化的推进，帕亚马也可能完全消失，一切的现代化步骤都在试图消灭那个意象，比如为了多种茶叶而过度砍伐森林。那样，不是文化人希望的，却是一部分短视民众趋之若鹜的。谁能真正做到长程预测、大尺度权衡呢？恐怕都做不到，局部适应是地球生命的基本特点。

能做点什么？向马原先生学习，尽力而为吧。当不能进行长远预测、规划时，减少破坏力度、推迟破坏是可以做的。而当无法感知风险，不知道如何区别好与坏、建设与破坏时，适当减速便是聪明的策略。

此外，马原教授来到勐海，也证明知识分子到乡村安家入住，能够推动美丽乡村建设，有助于打破城乡信息隔阂，实现观念更新。

4.2 多依寨、棋子豆和山龙眼

昨天（2019 年 1 月 2 日）下午就到了南糯山。按照事先的安排，今天下午才去拜会马原先生。第三次勐海植物考察，实际上从昨天就开始了。

昨天下午从西双版纳机场悟空租车公司取完车，沿 G214 向西行 25 千米，右转过桥再南行上南糯山。

想象中这个季节道路比较好走，事实上道路十分泥泞。上行 9.2 千米，过丫口老寨向西转（右转），路既窄又湿滑，16：30 在浓雾中

南糯山龙巴庄园附近的
报春花科鲫鱼胆

到达事先预订的龙巴庄园，艺术家资佰先生开办的一家酒店。院内巴西野牡丹正开着花，这种植物到处被栽种，已经用滥了。围墙和水池边移栽了许多野生兰花，此时均无花。房间连通极好的观光阳台，但大雾中能见度不足 15 米。雾在哈尼语中叫"捏起"。

把行李扔到屋里，立即到附近看植物。龙巴庄园出门右转（向西南），山坡上引起注意的是报春花科（原紫金牛科）鲫鱼胆（*Maesa perlarius*），花果俱在。果序颇长，下垂，果实大小不一。果实粉白，宿存萼片达果中部略上，将果子分为两部分。菊科入侵种破坏草到处都有。向上不远处是捌玛村民小组，"捌玛"两字也写作巴马、拔玛。一只大公鸡在柴堆上悠闲地迈着步子，寨中一老者正在教三名四五岁的儿童绑弹弓、射弹弓。随后两天在南糯山也多次发现有三四十岁的成年人在玩弹弓。我小时候在东北也花相当多时间玩弹弓，城里人如今少了这样的乐趣。路边有一家深圳的茶叶初制所。"初制所"三字在勐海随处可见，第一次看到略觉奇怪，令人想起派出所、托儿所、清华大学的甲所、科学院理论物理研究所以及满大街的会所。现在的茶叶初制所通常搭有塑料大棚，一般为两层，不住人；为便于炒茶，大铁锅一般斜着嵌入炉台；所内工作主要是炒青茶（烘青茶），相当于对刚摘下的新鲜茶叶进行初步加工（高温杀青、揉捻、解块、烘干），加工后的茶叶为毛茶，有时所内也做红茶。寨子西北侧为巴马各脚。摄影师佐先生告知"各脚"在哈尼语中指山或山峰，类似名称有俄义各脚、邦恩各脚、曼勒各脚、欧毕各脚、阿珠各脚等。各脚周边全是古茶园，茶树上或挂或栓了各种牌子，书写着某某集团公司或者某某人的茶园，并且留着手机号。据说此为各地茶商来这里占地盘或做广告的行为。外地茶商如果能在南糯山有一块自己承包或冠名的茶园，不管如何小，都是一份荣耀，可以向自己的下游客户吹嘘。

在捌玛路边见到肿柄菊、风铃辣椒（*Capsicum baccatum*）、光棍树、红椿、枝上无叶仅剩密集黑果的白簕、红腺悬钩子（*Rubus sumatranus*）。后者正在开花，此种悬钩子小枝、新生叶、花梗和花序上均被紫红色腺毛、柔毛和皮刺，花瓣与花萼等长，比较好识别。它的聚合果橘红色、黄色，但现在无果。捌玛西侧一条小路边高盆樱桃（*Cerasus cerasoides*）正在开花，大树根部发出的嫩枝上叶柄粒状腺、线形羽裂托叶及其腺齿都看得清楚。《云南植物志》称它红花高盆樱桃。株高10米以上，萼筒钟状，红色；萼片三角形，先端急尖；花瓣卵圆形，先端圆钝或微凹，淡粉色至白色；果实熟时紫黑色。高盆樱桃是勐海新年初始最具喜庆气氛的植物，全境分布极广，从1月1日直开到1月下旬，个别可延续到2月。这一时间段山上颜色以绿、鹅黄为主，一树鲜艳的高盆樱桃穿插其间极为提气。此时光线不足，没有特意拍花枝，预测明后天能见到许多，不着急。

天空很快暗下来。艺术家资佰先生亲自下厨，晚餐菜品有百香果炖胖头鱼、葱爆肉、炒紫背天葵（菊科）。资佰热爱家乡，在南侧二层向我简要介绍了其作品的创作风格。晚上房间有点阴冷，我盖的棉被比在北京盖的还厚。

1月3日清晨站在观景台上，确认龙巴庄园大门口下方那株最高大的树是香樟，树上部已经枯死。大树下边有一些密集植入的杉木，这种树生长迅速，常受到林业部门的青睐，但与本地的环境不大协调。北侧观景台上，从外边伸过来一枝夹竹桃科云南香花藤（*Aganosma cymosa*），《云南植物志》写作 *A. harmandiana*，右手性缠绕着方形铁栏杆。枝圆柱形，被黄色绒毛，叶柄1厘米；叶革质、卵形，先端急尖，基部圆形，叶上面光亮，叶脉8~10对。其中基部圆形为关键特征，以区别于广西香花藤。龙巴庄园门口大石旁的线羽凤尾蕨小裂片下面已经长出黑色孢子囊群，但并不对称，小裂片近主叶轴一侧叶缘更密集一些。

出门先向左侧（山下方向）走，在附近看一株不足两米高的攀缘胡颓子（*Elaeagnus sarmentosa*）。常绿攀缘灌木，叶柄锈色，花簇生于锈色短小枝上，花褐绿色至淡绿色，萼筒四角筒形，裂片宽三角形，4雄蕊着生于裂片基部相交所成正方形的4角处。在格朗和、贺开、勐邦水库等地所见的是同属的另一个种：密花胡颓子（*E. conferta*）或其变种勐海胡颓子，这时已结出很大的果实。果长2.5～3厘米，属于比较大的种类。

接着观察西桦（*Betula alnoides*）的新生叶。《云南植物志》称其西南桦，在勐海境内分布很广，山路上几乎处处可见。西桦这种乔木通常十几米高，较难近距离观察叶子。眼前的这株在山路的外侧，枝条伸向路边，正对着脸。小枝有白色皮孔，叶柄红紫色。叶纸质，长卵形，通常二枚在芽苞处簇生，叶边缘有重锯齿，叶上面无毛，下面有短柔毛，侧脉9～11对。当天中午以及后来多次看到了西桦下垂的花序，长约14厘米，明显比植物志描写的要长，但花序梗比植物志描述的要短。然而它们又不是长穗桦，因为叶质与果序的结构不同。

上图 南糯山多依寨下部的地涌金莲

下图 多依寨下部路边的莎草科浆果薹草

吃完早饭，左转再右转，先下后上，穿过多依寨上山，试图与东侧上山的主路汇合。寨中小道又陡又窄。

转弯处有一小的停车坪，在此看到芭蕉科地涌金莲（*Musella lasiocarpa*，佛教五树六花之一）、玄参科醉鱼草属的某个大叶种（有花序，但距离开花还很远）、桑科大果榕、蔷薇科多依和莎草科浆果薹草（*Carex baccans*）。这种薹草也许是最好辨识的种类，它的果穗和结出的鲜红果实非常特别。那么它真的结浆果吗？其实不明显。仍然与同属的其他种一样为椭圆形的小坚果，具三棱，成熟时褐色；果囊近球形，肿胀，近革质，成熟时鲜红色或紫红色，有光泽。浆果薹草在勐海十分常见，但平时不显眼，混于其他野草中，12月至1月果实成熟变红时容易找到。

蔷薇科多依的花、萼、嫩果和上一季节成熟、现在掉落于地面的果实，2019年1月3日。

　　在多依寨中停下来专门询问此寨名与蔷薇科多依是否有联系。回答是肯定的，直接相关，因植物而有地名。在勐遮镇西定乡还有一个多依村，想必也是如此。这进一步证明，把那个属 *Docynia* 更名为多依是有充分道理的。（刘华杰等，2018）在1月份的南糯山，可以同时看到多依的花苞（较少）、开过的花（较多）、嫩果、成熟后落地但仍然红润的果实、新长出的嫩叶、上一季的落叶、无叶的枝干。这里的多依通常比较高大，胸径30～50厘米，高5～8米，分枝较多，主干外表有许多地衣和苔藓，似乎今年的多依普遍花少果少，不知道为什么。

与茶农散香先生攀谈。我们有缘，一天之内竟然在三个地方不期而遇。晚上将住到归他管理的气象塔，一处花了上千万元后废弃的西双版纳天气雷达站。据说建好后从来没有使用过。为什么？没人讲得清楚。散香说："科技进步快，测天气现在都用卫星了。"散先生讲，最高点的这块地是他家承包的林地，有关部门征地建塔没有向其付钱，解决子女就业的承诺也没有兑现，于是此建筑使用权暂归散家！这个气象塔地处南糯山最高点，一眼可以望到景洪市区、勐海镇和格朗和乡的山谷，风景绝佳。二层有若干房间可以住宿。钢筋水泥塔下北侧有一个很大的院子可以停车。散先生健谈，十分自豪地介绍了气象塔附近他承包的这片土地。"这一大片都是我的，全部都是。当初没人要，因为离家太远，后来他们后悔了。这里看风景是最好的地方！最近许多人要跟我合作开发，我都回绝了。"散先生对我十分信任，告诉我晚上如何到院里房间中自己煮茶。

晚上的住处有了着落，我便从容地从南糯山最高点下行看植物。不同海拔，天气还真不一样，上层晴着，下层还浸在雾中。

钢筋水泥塔北侧 150 米处还有一电信铁塔，是否仍在使用无法确定。铁塔已成孤岛，周围由推土机推出了一个环形平台。平地上植被已被清理，有意留下几株多依，果实满地。还有一株野生的毛杨梅，与上次来勐海在西定看到的一样，花开过不少，仔细寻找并未结实。此物种雌雄异株。毛杨梅边上是推土时特意留下的一棵木兰科植物，高约 25 米，散先生称"山桂花"，据说开花极芳香。综合判断有可能是木兰科合果木。叶的特征完全对得上，但未见花和果，不敢肯定。很想在开花时（3—5 月）用长焦头拍摄一下。

环形平台北侧下部，有一株乔木小枝上结满了球形果实，个别已变红。伞房状聚伞果序腋生，总果柄极短，长 4 毫米；叶对生，枝上的节很明显。估计是茜草科狗骨柴属的。根据果实着生的特点，迅速查到是茜草科毛狗骨柴（*Diplospora fruticosa*）。附近另有芸香

科三桠苦和爵床科云南马蓝（*Strobilanthes yunnanensis*），后者花筒如圆号，口部五裂，每个小裂片中部有凹陷。这两种植物均可入药。傣药三桠苦用的就是这个种，2004 年鉴定出 3 种生物碱（刁远明等，2004），2014 年提取出 8 种化合物（康国娇等，2014）；中药马蓝一般用的是同属的 *S. cusia*，从中提取的靛玉红是具有抗白血病功效的中成药黄黛片及当归龙荟丸的主要活性成分（周正等，2017）。专业的人做专业的事，如果不具有植物学、药物学和生态学专业知识，普通人不宜自己采挖、试用中草药，一方面是为了身体健康，另一方面是为了生物多样性保护。那么，普通人对于这些本地物种还能做什么？观察、识别、欣赏、保护！也可以通过种子试种。

左上图 茜草科毛狗骨柴，见于南糯山的山顶气象塔附近。2019 年 1 月 3 日于南糯山。

右上图 爵床科云南马蓝

下图 芸香科竹叶花椒

平台上还有一种芸香科竹叶花椒（*Zanthoxylum armatum*），为生长旺盛的小苗，高 1.2 米。奇数羽状复叶，略具翅，小叶 5～11 枚，两面有粗毛，小叶上面和下面均有尖锐皮刺，但整体而言数量不多。从嫩芽看有点像两面针，但小叶上面皮刺数量不足。

一株桃开出十几朵花，这期间看到的所有桃花和多依花都十分稀少，也许不久后还会开

左图 五加科狭翅罗伞

右图 蔷薇科悬钩子属红腺悬钩子，2019年1月2日于南糯山村捌玛村民小组。

第二批？西侧有多株高大的西桦，树上寄生了许多桑寄生，像大鸟窝一样。西桦只有老叶，新叶没有长出来，去年的果实还垂在枝头。下部大片西桦小树则长出了新叶。西北侧有五加科两种植物，一种是狭翅罗伞（*Brassaiopsis dumicola*）；另一种是楤木属（*Aralia*）的，有叶无花，无法定种，此属云南有17种4变种。

林缘有少量栽秧泡正在开花。花瓣白色匙形，基部很窄。去年8月30日在勐海苏湖北坡半山腰曾见到一大片，植株高3米以上。1月4日早晨，在附近林间小道边拍摄了另一种悬钩子：棕红悬钩子（*Rubus rufus*），单叶，心状近圆形，边缘5裂，叶基部具掌状5出脉。逆光观察有序排列的近掌状叶，非常壮观。别看它漂亮，茎上的皮刺、针刺可不是好惹的。在林间空地和道路旁边，阳光充足，它才长得放浪、野性。小结一下，在南糯山几天内不经意间就看到了三种悬钩子：红腺悬钩子、栽秧泡、棕红悬钩子。

3日中午没顾上吃饭，在地上找了几粒壳斗科湄公锥的坚果充饥。趁着难得一现的阳光，抓紧拍摄高盆樱桃。这个季节确实需要

左上图 栽秧泡的花

右上图 蔷薇科悬钩子属栽秧泡，椭圆悬钩子的变种。2019年1月3日于南糯山。

左下图 栽秧泡野蛮生长的枝条，2018年8月30日于苏湖北坡。

右下图 蔷薇科高盆樱桃，见于多依寨路口，浓雾中拍摄。2019年1月3日。

蔷薇科悬钩子属棕红悬
钩子，2019 年 1 月 4 日
于南糯山气象塔东南。

它鲜亮的颜色。不过，事后比较图片，发现阳光充足时拍的老套平淡，不如早晨大雾中的有韵味。重复一句老话：好片子肯定是在光线恰当时拍到的，但永远不要放弃，遇到就要拍，因为也许没有第二次。何谓"光线恰当"？循环论证，拍好了，便是恰当；没拍出特点，阳光明媚也不顶用。

从气象塔的水泥小道下来，过黑妞庄园分岔口（明天将往那个方向走一段），续续向东下山，且走且看，估计下午3时正好到达姑娘寨马原家。不远处转弯，路北是一片由森林新开辟出的茶园，茶苗30～120厘米不等，大部分树木估计是一年前伐倒的，只有三株是新锯掉的，树干被截成80厘米左右，散乱堆着。看树皮，不知道是什么，但一看还未干枯的叶片，猜想是山龙眼属的。果然，一分钟后找到一些旧果壳及新果（还未成熟），还意外发现数十株小苗，高 10～15 厘米，近地表还有两片小土豆般大小的子叶，真叶 2～6 片。小苗的叶纸质，叶缘都有锯齿，而成年大树上的叶是全缘的。如果不是看到大树及小苗的特殊子叶，一般是不敢认作山龙眼的。成熟的山龙眼叶脉呈现特殊的黄色，用心体会，见到的多了，就容易识别。但高度在 1 米左右的小树，确实不好辨认。乱伐大树破坏了森林，见到大量小苗稍感欣慰。在附近平缓的山肩上一连找到 8 株山龙眼，近地面 4 米内一般无枝叶。叶大小不一，可能不止一个种，叶大的可能是焰序山龙眼，叶小的可能是深绿山龙眼。观察被锯断的山龙眼属植物，树干截面有放射状的白色条纹。我们极少有机会看到新鲜山龙眼属木材的截面，本书就单独放一张照片吧。临走，我还顺了一截比较直的树桩，准备借木献佛下午送给马原先生。找寻掉落果实的过程，意外发现两种东西：一是黑色的灵芝属（*Ganoderma*）蘑菇，生于枯树桩上或腐叶中，个头都不大。有 9 群，每群上有 1～8 个有柄的子实体，柄长 2～10 厘米，菌盖心形、扇形、半圆形。二是一些漂亮的豆科棋子豆（*Archidendron robinsonii*），豆荚散布面

左图 下部基本没有分枝的山龙眼科山龙眼，在南糯山分布较广。

中图 山龙眼属植物刚长出的小苗（能够看到子叶），幼叶的叶缘有锯齿。

右上图 被锯成一段一段的山龙眼属植物的枝干

右下图 山龙眼属植物树干垂直截面。木纹放射状，材质较粗。

积达 7 平方米。不是刚刚掉落的，周围并无它的藤子，"棋子"应当是一年或两年前留下的，而它的藤子被砍后早被清理干净。部分棋子仍然完好地包存于豆荚中，厚度和形状差别较大，豆荚中间的为圆柱形，两端的通常为圆锥形、圆台形。这种豆科植物是热带森林的精灵，大豆荚长得十分可爱，种子跟大个头的中国象棋子非常像，也因此遭殃：旅游景点会出售它的种子，我在广西中越边境的一个景点就见过。此处还好，"棋子"没有被全拿走，也许当地人还没有想到它还可以换钱。但裸露在茶园中的种子，几乎没有生长的机会。我选了几个好的，埋在林缘的泥土中，希望它们能为命丧黄泉的父母延续后代。

路边又见樟科钝叶桂，叶对生，离基三出脉明显。这种植物在勐海极为常见，每次上山差不多都能遇见。一般情况下，这种植物不会认混。但也不是绝对的，比如它与大麻科的菲律宾朴树（*Celtis philippensis*）有一点相似，但叶的着生方式不同，一个近对生一个互生。

从此地重新出发前，还观察了树干藓类植物中生长的一种草胡椒和枯树桩上的一种蕨。此蕨为水龙骨科表面星蕨（*Lepidomicrosorium superficiale*），叶远生，相距 0.5～2.5 厘米，有 30 多枚；根状茎横走，攀缘，密被棕色、金色鳞片；叶柄长 11～15 厘米，叶长 30～44 厘米（包括叶柄）。叶片披针形，纸质到硬纸质，两面无毛，先端渐尖，基部下延呈翅状渐狭；中肋在叶两面隆起明显，侧脉不明显。孢子囊群圆形，直径 2～3 毫米，沿不明显的侧脉成

行排列，或断或续，显得不规则。树干上附生的是胡椒科草胡椒属豆瓣绿（*Peperomia tetraphylla*）：茎匍匐分枝，叶肉质，3～4片轮生。叶脉3条，但不明显（以此区别于蒙自草胡椒），穗状花序直立，单个顶生。

　　南糯山的顶部完全放晴，而中间海拔局部浓雾局部光照。车子向东沿弧线走主路下山，突然闯入浓雾中，能见度不足15米。在路东一株高盆樱桃附近停车，正好树下有红字书写的"多依寨"石碑。在开阔的草地上停好车，离开道路下行到"苍山洱海南糯山古茶基地"探察。此茶园荫蔽性较好，原来森林中的大树保存较多，茶树种植较稀疏，林下空间宽松、空气畅通。茶树树龄不等，部分小枝上有茶花。较粗的古茶树直径为15厘米。留有更多原有树木并且克制自己少植茶树，表面上吃亏，但茶叶品质肯定好，水土也不易流失，长远看还是有利的。但是，这样的茶园越来越少。试用了一下

GoPro，暗光下效果依然不错，鸟鸣声音也比较清晰。不过，与之配套的昂贵的云台再次耍横，用过一次便熄火，任凭怎样操作都一动不动。

　　穿过云雾带，到了多依寨下部地段，林间突然又亮了起来。向右下方（东侧）沿小道进树林察看一株大树普文楠（*Phoebe puwenensis*）。普文楠和前面提到的钝叶桂这两种樟科植物以前（8月29日）在苏湖均见过，两者叶形、叶脉结构明显不同，分属于不同的属，容易区分。普文楠叶片簇生于小枝端，成轮状，近革质，叶柄长1～2厘米，粗壮；叶倒卵形，先端短渐尖，有的微缺，基部狭楔形，下延。老叶上面绿色有光泽，沿叶脉生有柔毛；下面为白绿色。中脉在叶下面明显凸起，粗壮，侧脉每边13～16条，近叶缘处消失。此种与紫楠相近，但叶相对宽些，叶侧脉数也更多。返回时，穿越主路，沿小路向西侧高处行走，路边有许多桔梗科铜锤玉带草，紫红的果实十分可爱。山脊处湄公锥的树叶和果实落了满地。小动物们的食物看来十分充足。

右上图 胡椒科豆瓣绿

左下图 樟科普文楠大树

中间两图 普文楠叶的上面和下面

右中图 樟科普文楠，2018年8月29日于苏湖。

右下图 壳斗科湄公锥的刺苞，其中的果实手动旋转了一下。2019年1月3日。

林缘长有菊科翼齿六棱菊，花序很多，尚未开花。

　　下午14：35到了福兴吉普洱茶山庄对面的临时停车场，再往下走50米就是九路马堡：马原先生的家。

　　距与马原会面时间还早，刘部长的车从县城刚出发不久，我们约定15时在这里会面，于是沿主路往山下步行，观看植物，一直走到罗愉茶舍路口。一位骑自行车的昆明游客向我打听道路和住宿。路边西桦大树枝繁叶茂，新长出的叶子在阳光照射下生机勃勃。大麻科异色山黄麻花序已长出，但未开放。寨边一簇牡竹属大竹约30根高高竖立，新发出的嫩竹高度并不输于其他，但顶部细尖、下弯，像超长的钓竿。木姜子多株，有的还未开花，有的已结出小果；树干青绿、光滑。高大的单种属植物粽叶芦大面积簇生，花序已展开，呈淡紫红色，这时候容易看出此种苗壮的野草在园艺上大有作为。路边就有豆科黄毛黧豆（*Mucuna bracteata*），羽状复叶具3小

左图 南糯山姑娘寨禾本科牡竹属某种竹子

右图 禾本科粽叶芦的花序

叶，小叶片纸质；顶生小叶宽卵形，基部楔形，侧生小叶偏斜，基部稍钝；叶下面被灰白色绢毛，侧脉每边5～7条；叶脉在叶下面凸起，密被白色柔毛；花期10月至翌年4月；总状花序腋生下垂。花萼密被淡黄色柔毛，散生；萼筒碗状，有黄色刺毛；花冠深紫色，龙骨瓣和雄蕊管向上弯曲。通过花期可区别于刺毛黧豆（8—10月），通过一年生可区别于海南黧豆（多年生）。此种另见于西定的泷罕寺东北侧。路南侧一个分岔口处有一株高大的滇刺榄，胸径约30厘米。果子刚刚成熟，新叶与果上锈毛较少，但老叶的上面显得很脏，像是被沥青泡过，其实是蚜虫闹的。叶脉黄色，在叶下面凸起，侧脉每侧13～16条。每个果子一般仅有一粒黑色发亮的种子。

　　1月3日15：40，应枚的车终于从山下赶来，我们一同拜访马原，这便接到上一节的开头。

上图 豆科黄毛黧豆

下图 姑娘寨的一株山榄科滇刺榄大树

补记：2019年6月13日至14日重访南糯山，又专门考察了若干种树木。在里程碑10千米至姑娘小组一段，考察了山榄科大肉实树（*Sarcosperma arboreum*）、藤黄科版纳藤黄（*Garcinia xishuanbannaensis*），品尝了前者熟透的果实，后者还没有熟，果皮一碰就冒出黄色的乳胶。在半坡老寨附近，考察了焰序山龙眼（*Helicia pyrrhobotrya*），叶甚长，达50厘米以上，此时正在开花。

左页图 姑娘寨中滇刺榄的叶、果、种子

左上图 山榄科大肉实树的叶和果

左下图 山龙眼科焰序山龙眼的叶

右图 山榄科大肉实树

4.3 从南糯山到格朗和乡

1月3日晚住在气象塔二层东北侧一间屋子，整个塔像是私人"宫殿"。傍晚日落、早晨日出的美景，一定不能错过。

4日上午告别"宫殿"，先得下行到多依寨的垭口以决定路线。先沿林间一条露水很重的步行路观察报春花科（原紫金牛科）南方紫金牛（*Ardisia thyrsiflora*）。小灌木，高1.5米，叶坚纸质，花序为复亚伞形花序组成的圆锥花序，果紫红色，密生腺点。注意，《云南植物志》所述的南紫金牛、滇南紫金牛在FOC中已合并为南方紫金

左页图 版纳藤黄的叶和果，蓝色的为大肉实树的果。

上图 从南糯山最高点的气象塔向北看到的风景，2019年1月4日7时42分。

下图 从气象塔向东看，太阳即将升起。2019年1月4日8时11分。

牛。又看了杜英科大果杜英、大戟科血桐（*Macaranga tanarius* var. *tomentosa*），以及菊科艾纳香属、姜科姜属、蔷薇科悬钩子属、桔梗科山梗菜属植物若干，半小时后驾车到达一个通往黑妞庄园的路口。据说有一东北人在此承包了林地，名字黑妞据说早就有了。

丁字路口有省沽油科粗壮山香圆（*Dalrympelea robusta*，据刘冰等），叶革质，小叶3～5，边缘有小锯齿或圆锯齿，叶面呈浅V形；圆锥花序腋生；果成熟时红色。同一株上，有的花还未开，而有的果已成熟。没兴趣向西边的岔道步行太远，只在附近1平方千米范围内活动。此处山龙眼（有的将要开花）、多依、杜英属植物都很多。山龙眼大树下小苗甚多，数以百计。多依则只剩下部分残花，果实有的已经长到大拇指大小。杜英属大树生长在很陡的地方，地表有大量当地人说的"羊屎果"。高盆樱桃只看到2株。在路边偶然见到木通科大血藤属大血藤（*Sargentodoxa cuneata*）的小苗。茎左

左图 报春花科南方紫金牛，2019年1月4日于南糯山。

右图 沽油科粗壮山香圆

手性；三出复叶，革质；顶生小叶近菱形、倒卵圆形；侧生小叶斜卵形，先端急尖，基部靠近中间一侧楔形，外面截形或圆弧形。小叶生得非常有个性，再加上茎左旋的特征，一眼就能把它认出来。大血藤的叶容易让人想到鹅掌楸，虽然两者差别很大。两者究竟有何相似之处呢？独特的叶缘曲线！最早我在杭州植物园看过大血藤，野生的则是在湖南新宁首次遇见，当时跟中国科学院植物研究所的罗毅波先生一起"扫山"，为崀山申遗做准备工作。大血藤属只此一种，识别起来也十分简单。大血藤成熟的果序很像大串的黑葡萄，花也很漂亮，目前我在野外还没有见到。

10：40下到多依寨的垭口，朝西南方向下行，奔格朗和乡。"格朗和"是幸福吉祥的意思。有人说不能走这条路，高德导航给出的路线也是从南糯山北坡下山，回到G214国道，向西从勐海县城绕一大圈再到格朗和乡，那样至少多出50千米。吃早餐时仔细打听，确认直奔格朗和乡的小路目前虽在维修但仍然走得通，因为送货的车昨天还走过。

南糯山南坡与北坡感觉很不一样，这里阳光充足，西桦的新叶已全部长出，树枝上挂了大量十多厘米长的柔荑花序。路过一分枝极多的山黄麻属大树。

中途，在山的一个鞍点处见桑科笔管榕（*Ficus subpisocarpa*）小树和山茶科西南木荷超大树。前者高5米，1株；后者高30米以上，2株。后者树龄有数百年，是我见过的最高大的西南木荷，大树下有西桦和栽种的小茶树，树上附生了兰科黄绿贝母兰（*Coelogyne prolifera*）和苦苣苔科植物。从南糯山到格朗和乡沿途经常可以看到叶子略发红的桑寄生科梨果寄生属植物寄生于各种树木上，在一个茶园中专门观察了寄生于栗属植物的一簇梨果寄生属植物，可能是滇南寄生。栗属植物的叶基本落尽，有一枝上留有大量鳞翅目粉蝶科虫子的蛹壳，排列整齐，可能是报喜斑粉蝶的壳。新生的毛毛

左页图 大血藤标本，2019年1月4日采集于南糯山。

左图 上部为栗属植物上鳞翅目粉蝶科虫子留下的规则排列的蛹壳，下部为报喜斑粉蝶幼虫在啃食梨果寄生属植物的叶。

右上图 桑科笔管榕

右下图 山茶科西南木荷大树，上部树干附生了兰科黄绿贝母兰和苦苣苔科植物。

虫开始吃梨果寄生属植物的叶子。

　　12点到达格朗和乡，民族中心文化广场一角有随小卡车卖甘蔗和柚子的，街边植有夹竹桃科盆架树。乡里没几家旅店可选择。Y060乡道起点的菜市场附近有一家旅店还不错，但一层设有歌厅，晚上肯定吵得厉害，不能住。最后在湖的东侧找到一家小旅店入住。

　　下午从南坡到以前去过的苏湖管护站，距离格朗和乡政府所在地约14千米，但目前正在修路。几次拐到旧道躲避运砂石的卡车，顺便到黄土山坡上观察。菝葜科菝葜属植物（*Smilax* sp.）长得十分茂盛。菊科密花合耳菊（*Synotis cappa*）于开阔处和林下顽强地生长着，株高1米，叶绿色，上面被蛛丝状毛，下面密被黄褐色柔毛和白色绒毛，显得很脏；舌状花8，管状花11～17。经过一番颠簸，来到山脊丁字路口，直行向北下山就是勐海镇，左转沿山脊小道继续走为帕宫方向，中途就是苏湖管护站。

　　从南边的格朗和乡到苏湖山梁，几乎全线在修路。重访苏湖有一种亲切感，林中场景非常熟悉，没有打扰管护站的员工。哪里有一片空地，哪里有大藤子、蛇菰、多依、山龙眼，心里都有数。大树上附生的苦苣苔科小齿芒毛苣苔（*Aeschynanthus denticuliger*）正

左图 菊科密花合耳菊，叶上面有蛛丝状毛。

右图 从南坡去苏湖的路上见到的菝葜科菝葜属植物

右页图 苦苣苔科小齿芒毛苣苔，左下角有蒴果。

在开花。《云南植物志》描述其"叶片薄革质",《中国植物志》描述其"叶片干时坚纸质",信息不明或部分有误导性。其实它的叶非常有特点：肉质且被密毛！鉴定特征：附生；叶对生或3叶轮生，叶片肉质双面有毛，卵圆形；蒴果近线形，笔直，紫灰色。另一种有特色的植物是桑寄生科大苞鞘花（*Elytranthe albida*）。寄生于大树上；鲜红色的花冠在地上落了许多，长9厘米，在桑寄生科中算较大的；冠管外部稍膨胀，上半部具六浅棱，裂片6，披针形，反折。想爬树近距离观察全株，发现树太高，作罢。补充：2019年4月11日在苏湖管护站门口的多依上看到正在开花的桑寄生科鞘花（*Macrosolen cochinchinensis*）。叶革质，对生；总状花序；花冠橙色，裂片披针形，反折；果近球形，橙色。

左图 小齿芒毛苣苔的肉质叶特写

右图 桑寄生科大苞鞘花。2019年1月4日。

右页图 桑寄生科鞘花。2019年4月11日。

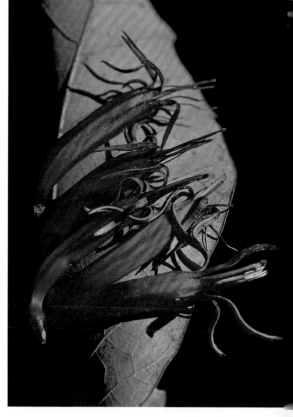

想碰碰运气，寻找正在开花的兰科植物，没有找到。特意想着芋兰，明知道此时不大可能找到它的踪影，还是尽力搜索。仅拍摄到长叶隔距兰的肉质叶，细圆柱状。林间偶见狭长斑鸠菊（*Vernonia attenuata*），多年生草本，高 80 厘米，叶片近革质，边缘具锯齿。一株桑科榕属乔木，高约 10 米，下部树干上长出一些红色嫩榕果，难以确定是哪个种。

返回格朗和乡途中品尝了勐海胡颓子（*Elaeagnus conferta* var. *menghaiensis*）果实，个头不小，长达 4 厘米，但味道实在不敢恭维。倒无怪味，但也无通常的水果味。个别经验往往起误导作用。后来才发现，这种水果还是很好吃的。只是第一次品尝的那只味道不佳而已。

大部分肿柄菊的花已谢。我虽然讨厌这个入侵种，但还是想挑选一株盛开的，为其留一张玉照，目的是希望读者在花期准确辨识它。

左图 附生的兰科长叶隔距兰

右上图 苏湖林间的菊科狭长斑鸠菊

右下图 苏湖林间一种榕属植物的红色榕果

4.4 大将军、飞机草与帕沙古茶树

2019年1月5日清晨，格朗和乡。湖面水汽缭绕，阳光和微风将白雾撕开一条缝，缝越变越大。光线投射到水面，湖面模糊地映出对面的村舍。整体景色为黛青色，远山、歇山式青瓦房顶都呈浓淡不同的青色，近处的树木倒显暗绿本色。水平展开的南部大山、西部竹林、中部房舍被云雾和水汽巧妙间隔开，层次分明。

格朗和乡位于两列近东西向的大山之间。昨天下午重访了北侧山脊的苏湖管护站，今天上午向西到勐混坝子之前想到南侧山上的帕沙转转，时间只有两小时。

早晨照例先瞧早市，未见特别的植物。在派出所门口街道的花坛中倒是看到许多蔬菜。种类实在多，这里十几个花圃基本上成菜园了。植物包括桂花（仍在开放）、榕属植物、樱属植物、勐海胡颓子、余甘子、树番茄、白菜、油菜、油麦菜、水香菜、芹菜、宽叶韭、刺芹、萝卜、蚕豆、辣椒、红薯、蒜、玉米、芋、茄子等。

向西出格朗和乡，再向南盘旋上山奔帕沙寨子。只有一条路，不会走岔。9：20，经过山脚下一座小桥时，左侧是坡度和缓的水稻梯田，田埂弯弯曲曲十分好看，路边一株盛开着数百朵白花的美丽植物突然进入视野。逆光下，白花上的露珠反射着阳光。找了一个开阔的甘蔗田入口把车停好，返回桥边仔细观察。植株高约两米，

格朗和乡清晨，湖对面是黑龙潭村。2019年1月5日。

上部有数个平展的分枝。首先锁定的是特别的花冠，瞧一眼就知道是半边莲一类植物。花萼裂片5，线形，末端红紫色。花冠偏斜，5个裂片集中于花轴的一侧，下弯。花柱藏于雄蕊管中，开花后伸展，弯向花冠裂片的同一侧，柱头先端2裂。从上面垂直向下看，花器官整体上处于360度圆盘的一小部分，大约占60度。这些都是典型的半边莲亚科植物的特征。这类植物多年前我在夏威夷见过许多，那里是全球桔梗科半边莲亚科植物最为丰富的地区，有许多长成灌木甚至乔木。

初步观察可能是密毛山梗菜（*Lobelia clavata*）或者西南山梗菜（*Lobelia sequinii*）。仔细分析后判断是前者，主要根据如下：第一，前者花期12月至翌年4月，后者花期8—10月。此时是1月初，正在开花，与后者不符。第二，花冠整体上呈白色而不是淡蓝色。第三，植株密被微毛，花冠内外都有微毛。第四，叶无柄。在勐海，这个属的植物通常见于路边，我在贺松和巴达已经验证过，植物志也是这样说的。那么，没修路就没这些植物了？显然不是。现在经常生长于路边，不过是植物巧借人力而方便获得光照罢了。林缘、草地中当然也有，但只有极个别幸运者能争得足够的阳光，出人头地，长高、开花、结果。

密毛山梗菜这个种主要分布于云南西南部和南部，缅甸也有。《云南植物志》称之为大将军。非常奇特的名字，不知是何意。在云南，半边莲属植物还有柳叶大将军、江南大将军、毛萼大将军等种类。白头翁古时也称大将军草（螳螂也称大将军）。想一想，大将军的名称可能与讲究"君臣佐使"的中医药有关。密毛山梗菜及西南山梗菜（也称野烟）本身均有毒，甚至说剧毒（我有点怀疑，尝过断口流出的汁液，没啥反应），可杀蛆虫。作为一味中药，其名字就是大将军，炮制后服用能祛风散瘀。文献上说可治风湿关节疼痛、跌打损伤、痈肿疔疮、腮腺炎、蛇虫咬伤等。

拍摄完毕，驱车转弯上坡，9时25分远远望见黄土断面上最顶部有两株大将军，即密毛山梗菜。离得太远，看不真切，想到近处仔细观察、比较。眼前的黄土断面几乎90度直立，高十余米，无法爬上去。绕道，从收割后的甘蔗田沿着等高线横向摸过去，见白茅、肿柄菊、长钩刺蒴麻（*Triumfetta pilosa*）和飞机草（*Chromolaena*

左上图 锦葵科（原椴树科）长钩刺蒴麻。蒴果具钩刺，刺长1厘米。2019年1月5日于格朗和乡。

左下图 锦葵科长钩刺蒴麻的蒴果，刺具钩，较长。2019年1月6日于布朗山。

右图 菊科入侵种飞机草，2019年1月5日。

odorata）。长钩刺蒴麻之"钩"字，《中国植物志》和 FOC 均用"勾"字，属于错别字，应改正。飞机草密密麻麻，异常嚣张，比我还高。露水很重，裤子尽湿。这倒没什么，等到中午晒干就是了，危险的是差点踏空而从土崖上掉下去。事先已经颇小心，预测到有踏空的可能性，所以接近大将军时最后迈步十分谨慎。在没过头顶的草丛中前行，实际上也看不大清前方地表的情况。雨后的黄土很松软，脚踩在软泥上，突然感觉一片黄土带着草丛在向土崖边滑移！这可不是好现象，我立即身体后仰，躺下来分散压力，然后抓住身后的菊科飞机草往后退。掉下去，人倒不会摔死，胸前的两台相机可就不好说了。只得远远地拍摄了几张照片完事。飞机草是一种十分讨厌的入侵物种，生命力极强，在勐海遍地都是，没想到在关键时刻，我还借了"恶草"的一把力。

路越来越陡，转弯也越来越多，会车得十分注意。要让路但不能让多了！不足，两车会擦身；过了，右侧轮子会掉到过软的泥土里，底盘会卡在路基上，还有可能滑到山下去。

在半山坡，路右侧有一标牌，指示 950 米处有帕沙茶王树。没法行车，只得步行。想着不足一千米，用不了多少时间。根据以前的经验，也估计到一种可能性：牌子写的 950 米未必准确，算法颇有讲究。不管怎样，应当不会差出许多。而现实总是超出想象！出发点是 S 型山路的左下角端点，那株著名的茶王树在 S 路的右上角端点。事后知道，S 路全程可能达到 2.5 千米，即 2500 米，而不是950 米！但也不能说 950 米完全错了，因为它可能是指地图上的水平投影距离。没人能直接走在投影上！气喘吁吁地沿小路上行，其实根本不知道它是 S 形状，以为转一个弯就到了，一次又一次失望，路上瞥见三株长得不很好的大将军和一株钝叶桂。后者本地名有梅宗英龙（傣语）、三条筋、泡木、山肉桂、鸭母楠、老母猪桂皮、奉楠、山玉桂、大叶山桂、老母楠、香桂楠、钝叶桂。曾见于巴达和苏湖，没心情理会。擦擦汗继续在湿滑的泥路上行走。大约 20 分

云南勐海县格朗和乡的古茶树"帕沙中寨17号",2019年1月5日。

钟后遇到一哈尼族妇女,她不大会说普通话。问茶王树在什么地方,她往上指了指。问还有多远,她依然向上指了指,又用两手比画着还有"一两尺"远。这使我确信这20分钟没走冤枉路,但不知道剩下的"一两尺"代表多少路程!如果不是急于在中午赶到勐混镇的贺开与他人会合,我倒可以从容些,慢慢走,边走边观察。

10时30分到达西侧的山梁,终于找到茶树王。树周围用方形篱笆围着,旁边立有蓝底白字牌子,上书"帕沙茶王树/帕沙中寨17号/茶王之家",右下角是一个二维码。这株古茶树处于通风处,地表不高处分枝较多,枝繁叶茂,高约7米,显示着蓬勃的生命力。树龄不好估计,百年以上没问题,有人说七八百年,可能膨胀了,打五折大概差不多。这棵茶王树属于栽培型,是古代人工种茶的直接证据,与贺松的不同。勐海贺松的几株古茶树都是野生型的,而且是大理茶,并非严格的普洱茶。

古茶树值得保护,但由古茶树上的树叶制作的茶叶未必最好,更不存在简单的线性增长规律。道理其实不难想象。人为炒作来自古茶树的茶叶,拉升价格,会导致过分采集,影响古茶树的正常生长。本来古树生长就不容易,经不起频繁摘叶的折磨。古茶树减少,最终也将破坏当地的茶叶文化。

看完古茶树急忙下山,向西直奔勐混镇,部分水田已经用犁翻过,广阔的坝子飘着水汽,"大地微微暖气吹"。在贺开向东南转弯,经过激烈颠簸的一段土路到达广别新寨,在大年的末尾和哈尼族人家一起吃大餐。村中植物主要有芭蕉、苦子果(已变红)、柚子、勐海胡颓子、两种竹子、茶树、爵床科板蓝（*Strobilanthes cusia*）。还有一种叶三裂的亚灌木状的海岛棉（*Gossypium barbadense*），种子黑色，易与绵毛剥离。院子里临时搭起 5 个灶台，切菜、剁肉、烤猪肉、烤鱼、烤西红柿和辣椒、炒菜、煮肉等各有分工，年龄不等的十几人一起忙活。观察了"剁生"的制作全过程，主料为牛肉和辣椒。炭火烤的猪肉切成块，开始用牙签扎着吃，过了一会儿主人建议直接用手抓着吃。下午则从西侧向帕宫方向上山，过阿鲁小寨，只为了实地看一下当地的云南沉香栽种情况。返回时爬树摘了一些叶下珠科（原大戟科）余甘子（*Phyllanthus emblica*）的果实。

左上图 勐混广别新寨的烤西红柿和烤肉，2019年1月5日中午。

右上图 海岛棉，2019年1月5日于广别新寨。

左下图 叶下珠科（原大戟科）余甘子的树干，2019年1月5日于阿鲁新寨。

右下图 余甘子的细枝和果

4.5 坚核桂樱：一只果核的线索

小车别克昂科拉由勐混坝子从南向北，沿着县中央著名的三角形地带东侧一条边翻山（G214）。在勐海镇未做停留，在镇西南的环岛西转，过流沙河小桥右转，由河西侧的小路继续向北（XK09）。过曼真、曼打傣，再过勐翁分岔口，从 K09 县道向左前方拐出，在林中行驶大约 70 米，停车。我一边开车门一边想象那棵树现在什么样子。

实际上，已经想了三个多月了！前两次遇见那棵奇特的乔木，一直没有鉴定出来，因为那个季节所见的特征不足以作出鉴定，也许热带植物高手可以。那棵树在一个有瞭望台的院子中，靠近北墙根厨房边。墙外则是思茅松林。此植物有二层半楼高，主干粗壮笔直，表皮光滑，侧枝细密，叶子繁茂，叶脆纸质到薄革质，边缘略有波形，疏生针状尖锐浅锯齿，上面光亮。既不见花也不见果。已知的特征太一般了，据此无法追踪到具体的物种，除非以前就熟悉它。

第一次见到坚核桂樱，当时无法认出。2018 年 9 月 4 日。

其实，别说"种"了，连"科"都判定不了。询问护林员岩波涛，他说了一串我听不清的傣语俗名，似乎是 ma-man-tun，按此音到《植物傣名及其释义》中查找，没有收录。不过，岩波涛无意中透露，它的果子可食。也容易理解，院子中的植物大部分是人工挑选的，多数可食用或药用。左想右想，不法判断所在科，科解决不了，根本没法到植物志的大海中捞针。上次，快离开的那天清早，我在树下的草丛中做了一番寻觅工作。"既然可食，树下总会留下去年掉落的果子的果核吧！有了果核，没准就能向前推进。"这一想法果然有道理，经过十几分钟的寻找，找到了，只有一枚。果核比较大，外表像我在北京嫁接的杏梅的果核，有清晰的花纹。由此猜测，此树是蔷薇科的！它不像是外来种，当地的植物志应当有收录。结合《云南植物志》和《中国植物志》，再进一步猜测，是坚核桂樱（*Lauro-cerasus jenkinsii*）。桂樱属中只有这一种果核较大，与拾到的那枚果核相符。

上图 在树下只找到一只果核，初步判断它是蔷薇科的坚核桂樱。2018 年 9 月 29 日。

下图 坚核桂樱的细枝和小花苞，2018 年 9 月 27 日。

但也存在漏洞，这个院子也偶有外人到此，没准那枚果核是别人带来某种水果吃后丢掉的，并不反映这棵树的特征。确实有这个可能性，但我心里希望不是这样。按坚核桂樱核对已知的各项可观特征，皆不矛盾。要进一步确认是哪个种，恐怕得等到开花、结果。有了花或果，判断起来就比较有把握了。9 月底 10 月初时，已经可见米粒大小的花苞，生于叶腋。用卡片军刀切开花苞，看不清内部结构。能做的，只有等待。

从那时到现在已经过了足足三个月，花肯定开过了，果实长多大了？什么样子？

如果住在云南勐海，可以一直观察那些有疑问的物种，直到它们显示出全部真容，或者展示足够多的特征，以确认其身份。但是我住在几千千米之外的北京，只能盼着早点找到机会再来勐海实地观察一下。2019 年元旦临行前，我专门在微信朋友圈中发了一张上次拍摄的此植物枝叶照片，写下的文字是："10 月初勐海这种植物没有鉴定出来，猜测是坚核桂樱。这时候应当开花结果了。这次要进一步取证，争取搞定。"

于是可以想象，当我停下车，是多么焦急地奔向小院。这天，老波涛没有来，据说退休了，子承父业，儿子正好在。我来不及向

他仔细解释，一边说着一边迈步进了小院。"老波涛认识我，我以前来过这里还住过，这次来是想确认你们院中那棵树的名字。"院中那条狗三个月后还认识我，见到我并没有叫。距离那棵树还有十几米远，就看到结果子啦！近瞧，类似稠李的总状花序上只有一个到两个果实，花序上大部分小果都掉落了，给人印象是一个花序只结一只果，个别的两只果。果实外表光滑，似李或榆叶梅的果，近圆形，有一条纵沟。此时果子直径已达15毫米。

看到这些嫩果，可以百分百确认此树就是坚核桂樱！除了云南西南部，印度、孟加拉和缅甸也有此种，行前我已经搜索过相关资料和图片，熟悉果实的形状。

一个小问题终于解决，心里还是挺高兴的。这算不了什么成果，但我至少可以十分肯定地向人们介绍，这是蔷薇科的本土物种坚核桂樱。这个中文名取得非常好，它的叶确实有几分樟科月桂的模样，略脆，外形也相近。"桂樱"暗示此属是蔷薇科的，"坚核"则描述此种果核的独特性。它的另一个俗名是阿萨姆稠李，也还凑合，花序确实与稠李属相似。此种最早由胡克命名，称 *Prunus jenkinsii*，这也表明当年叫"阿萨姆稠李"的合理性；1984年被转到现在的属下，工作是中国学者做的。

过了几天，在勐翁一条公路边的树林中寻找卷柏类植物时，发现地表的枯叶上掉落了无数的果实，恰好是坚核桂樱。向上望，周围有两株大树，树干光滑高大，十米以下无枝无叶。

又过了几日，1月10日登西双版纳第一高峰勐宋乡的滑竹梁子时，再次遇到坚核桂樱，同样不是先看到叶，而是先看到被风吹落

的青果。这次在多个地方见到七八株，树干都很高。

这些野外观察证据表明，坚核桂樱在勐海应当还是很多的，只是非花期非果期不容易发现罢了。

在滑竹梁子，还见到同属另一个种：尖叶桂樱（*Lauro-cerasus undulata*），果实黑色，此时直径约8毫米，顶端急尖。同一花序上果实较多。这种桂樱数量也较多。

桂樱属植物可以考虑用作勐海的行道树，一是枝叶、树形不错，二是它为本土种，三是寿命较长。

后来多次品尝到坚核桂樱果实，还有幸爬树亲自采摘。2019年4月28日应枚部长下乡从老百姓那儿得知，布朗族建房必须要用到坚核桂樱木材。

从岩波涛的院子出来，立即钻进西边的思茅松林，林下多毛姜的果实此时值得核实一下。上次来（9月28日）正值开花，现在应

左图 勐阿管护站树林中拾到的坚核桂樱果实，还未成熟。小红果为报春花科雪下红。2019年1月9日。

右图 勐宋滑竹梁子树林中见到的尖叶桂樱，2019年1月10日。

右页图 多毛姜种子与圆瓣姜花种子（红色）。上图左边未去掉白色假种皮，下图下部显示种子为黑色。2019年1月11日拍摄。

该结实了。仅走了几步远，就幸运地见到了开裂的蒴果，内果皮鲜红、光亮；白色的假种皮包裹着黑色的种子，假种皮前端萼齿状，漏出种子约五分之一。在林下继续寻找，多毛姜非常多。此时的确很容易发现，红红的蒴果紧贴地表，像朵朵鲜花点缀在松针间。地下，有一根弧形的长约10厘米的"细绳"（花序梗）连着这"花"（开裂的蒴果）与多毛姜的叶茎基部。关于多毛姜种子，《云南植物志》描述为："微白色（未成熟的种子），包以白色假种皮。"《中国植物志》未收这个种。FOC的描述是：种子苍白色，倒卵球形，直径约3毫米。真实情况是：种子黑色，形如大米粒。多毛姜白色假种皮顶端开口处的牙齿较小。

返回时在新修建的茶马古道景区与勐海镇中学之间（K09与K22道路T字路口去大益庄园方向）看到葫芦科第三种栝楼：糙点栝楼（*Trichosanthes dunniana*）。与红花栝楼相比，糙点栝楼果实顶

端有更明显的柱基，种子略宽，种子中间有三分之一条形凸起。红花栝楼、糙点栝楼、马干铃栝楼三者都是红果，但种子依次增大。也有人将糙点栝楼并入红花栝楼。

4.6 勐海野菜之火镰菜

到一个地方旅行，最好品尝一下当地的野菜。不是为了"长肌肤、悦颜色"，而是为了独特的味道，也能体验一下当地人的生活。

据许又凯等人研究，西双版纳各民族日常食用的野菜79科201属277种，其中嫩茎叶类192种，竹笋类13种，鲜花类35种，果实类22种，块茎、块根和髓心类27种。野菜种类占当地全部植物的5%到6%。其中哈尼族、基诺族、布朗族等山地民族食用的野菜总量占全年食用的蔬菜总量的42%至61%，而坝区（山间盆地）的民族（傣族为主）则占22%至31%。在集市上，12月至3月野菜销售量占总蔬菜量的11%，4月至11月占26%。全年可采集的种类97种，在雨季（5月至10月）可采集的则有180种。（许又凯等，2002）

勐海县只占西双版纳州的一部分，但西双版纳州其他地方的野菜种类，勐海县差不多都有。现将在勐海集市上常见的野菜罗列如下，每条中各项顺序为：植物所在科，植物志中的标准名，拉丁学名。有些条目紧接着还提供了勐海本地使用的名字。有些种类已经提到过，有些在后文中可能会涉及。

伞形科刺芹（*Eryngium foetidum*），刺芫荽，大叶香菜。一般用作调味料。

伞形科卵叶水芹（*Oenanthe javanica* subsp. *rosthornii*），野芹菜。与华北、东北的水芹植物差别很大。茎粗壮，茎和叶下面被粗毛。数量较多，每个早市上都能找到。

伞形科蒙自水芹（*Oenanthe linearis* subsp. *rivularis*），叶鞘短，

左页图 剖开的糙点栝楼。瓜瓤呈黑绿色，图中展示了一粒去瓤的种子。

本页图 糙点栝楼种子，刚去掉瓜瓤，种子还未干。

叶柄长，匍匐生长。通常凉拌生食。数量相对少。

胡椒科假蒟（*Piper sarmentosum*），蛤蒌、假蒌、山蒌。同属植物还有多种也在出售。

防己科连蕊藤（*Parabaena sagittata*），滑板菜，蕊藤，犁板菜，发菜。

桑科大果榕（*Ficus auriculata*），木瓜榕。

大戟科守宫木（*Sauropus androgynus*），甜菜，帕汪，树仔菜。

芭蕉科小果野蕉（*Musa acuminata*），野芭蕉。

山柑科树头菜（*Crateva unilocalaris*）。

豆科羽叶金合欢（*Acacia pennata*），臭菜。

豆科白花洋紫荆（*Bauhinia variegata* var. *candida*），白花。

石蒜科宽叶韭（*Allium hookeri*），苤菜、韭菜。已大量人工种植。

茄科水茄（*Solanum torvum*），苦子果。

茄科龙葵（*Solanum nigrum*）、滨藜叶龙葵（*S. nigrum* var. *atriplicifolium*）或少花龙葵（*S. americanum*），苦凉菜。

唇形科水香薷（*Elsholtzia kachinensis*），水香菜。

蓼科香蓼（*Persicaria viscosa*）。

蓼科金荞（*Fagopyrum dibotrys*），野荞，金荞麦。

蹄盖蕨科食用双盖蕨（*Diplazium esculentum*），水蕨，过猫蕨，过沟菜蕨。

碗蕨科毛轴蕨（*Pteridium revolutum*），云南蕨，蕨菜，密毛蕨。

葫芦科红瓜（*Coccinia grandis*）。

荨麻科楼梯草属多个种（*Elatostema* spp.）。

唇形科薄荷（*Mentha canadensis*）和留兰香（*M. spicata*），统称为薄荷。

楝科香椿（*Toona sinensis*）。

五加科白簕（*Eleutherococcus trifoliatus*），刺五加。

五加科大参属多个种（*Macropanax* spp.），火镰菜。

天南星科刺芋（*Lasia spinosa*）。

上述野菜名实对应，有的很容易搞清楚，有的则非常麻烦。本地人一般用的是地方名，地方名与实物之间对应清楚，不至于引出麻烦。但是地方名不利于交流和研究。长远看必须做认真的整理工作，在地方名与学名之间建立联系，把名实对应做实。下面只以云南人熟悉的火镰菜为例，探讨一下它可能的学名。此例也可以部分说明看似简单的事情其实并不简单。

2019年1月5日傍晚，在勐海镇佳园明珠商贸城二层菜市场专门购买了火镰菜和刺芹，到马路对面（西侧）一家饭馆请大师傅代为加工，另点了黄鳝酸菜汤和一种本地小鱼（干炒）。火镰菜在此虽有出售，但并不十分普遍，价格相对高，每小捆3元，大约包含6～8枝。我买了5捆，卖菜的很高兴。炒菜的四川师傅说，他不认识火镰菜；对于刺芹，师傅说它只用于调味，我坚持清炒。我只是想知道这两种北京没有的蔬菜炒食的味道。

火镰菜名气很大，应枚部长也专门跟我提起过。以前在勐海的市场见过一两次，但都不新鲜了，赶上当时很忙，没有购买。在野外只遇到几次，第一次是在勐阿管护站与勐翁分岔的路口树林边。

云南多地百姓喜吃火镰菜这种野菜，可凉拌、下火锅或炒食。网络资料和期刊资料显示，云南临沧广泛栽种火镰菜，甚至政府扶贫项目就包含种植火镰菜。尝尝味道，火镰菜确实有刺五加的滋味。

左图 勐海菜市场上见到的火镰菜，为五加科的大参。2019年1月5日。

右图 清炒后的火镰菜

有人说，它不就是刺五加，即五加科的白簕吗？非也，两者都是著名野菜，并且同在五加科，但差别巨大。

接下来，火镰菜是哪个属的？从小叶数量（3～9枚，经常大于等于5枚，叶柄明显）和大致形状判断，有三个候选者：梁王茶属、鹅掌柴属、大参属。

肖如昆撰文提到火镰菜是15～20米高的乔木，"树姿直立，分枝较密，节间长2～10厘米，叶互生、鹅掌状，叶柄长10～15厘米，顶部着生5个小叶片，小叶柄长3～5厘米，叶形呈长椭圆形或披针形，叶宽4.5～6.3厘米，叶长10～20厘米，叶面光滑，叶质柔软，叶齿较稀很不明显，叶脉5～8对，叶尖渐尖，叶色绿色，芽叶肥壮，色泽绿，无茸毛，持嫩性强，发芽密度高"。（肖如昆，2003）

据此猜测，火镰菜是五加科梁王茶属（*Metapanax*，据FOC）植物。这个属有两个种：异叶梁王茶（*M. davidii*）和梁王茶（*M. delavayi*，据FOC；《云南植物志》称它掌叶梁王茶）。这一判断得到文献的部分支持。如有文献明确提到将梁王茶作为蔬菜开发（解天龙等，2015）。FOC说梁王茶为灌木，高达5米，说异叶梁王茶为小乔木，高12米。与肖如昆描述的高度有出入，另外叶形也有出入。

中国梁王茶属看似简单，历史上的研究其实也挺复杂的，李嵘等人的一篇文章记载了鉴定、命名变迁的复杂过程。（李嵘等，2002）最近十几年，关注梁王茶的多起来，有人分析其化学组成，也有人研究它的扦插繁殖。（王仕玉，2004）

梁王茶是一个很早就有的名字，书面资料中常见，但火镰菜就不同了，它本来就非常民间，近些年才多见于市场。在网络兴起之前，很难核实它的使用范围和所指对象。最好是能够找到书面材料直指两者相关。但是查过多种植物志、手册，均未发现两者并置的例子。

就市场价格论，文献提到梁王茶初春价格每千克30～40元（2015年，这个应当是最高价，平时没有这么高），火镰菜则为4～6

元（2003年）。据临沧农业信息网的一则消息，火镰菜每千克30元（2014年）。

火镰菜到底是五加科的哪种植物？第二种可能是中华鹅掌柴（*Schefflera chinensis*），其嫩叶也确实可食用，但同样找不到鹅掌柴属与火镰菜的直接联系。

第三种可能性是大参属植物，找到了直接的文献依据。

据"植物引种与保育数据库"，火镰菜指大参属的波缘大参（*Macropanax undulates*）。注意：同一中文名字《中国植物志》与FOC所指植物不同，《中国植物志》已将其修订为"十蕊大参"。十蕊大参的雄蕊7～10，不是4～5。在勐阿管护站所见的种类雄蕊4～5（当地人确认它就是火镰菜），另外根据叶判断（特别是考虑了小叶个数），不大可能是这个种，而可能是同属的大参（*M. dispermus*，

FOC）或短梗大参（*M. rosthornii*）。据硕士学位论文《高温胁迫对短梗大参叶片结构及生理特性的影响》，短梗大参也叫卢氏梁王茶、七叶枫、七叶莲、节梗大参。（王萍，2009）

用作野菜的，可能是这个属的多个种，即火镰菜可能是大参、十蕊大参、短梗大参。分布较广的短梗大参使用量可能多些，但在勐海用作蔬菜的多为大参。勐阿管护站的野生大参，株高2米；掌状复叶，小叶3~5，雄蕊4~5；新发出的嫩苗既有绿色的也有暗紫色的，与市场所见一致。

4.7 布朗山：中华里白、耳叶柯和钩吻

今天（2019年1月6日）将从勐海镇前往另一座著名茶山：布朗山，目的地是山南侧的布朗山乡政府。行车路线为：214国道向南，接320省道，然后左转（东转）上山，在山上走Y054乡道，经过坝卡囡、新班章、老曼峨，穿越布龙州级自然保护区，从布朗山南坡下到乡政府。

再次经过勐混坝，然后上布朗山。11：08在北坡第一次停车观察。开阔处，在蓝天白云背景衬托下，西桦大树上无数条下垂的鹅黄色细长柱形柔荑花序轻轻摇摆。胡桃科云南黄杞（*Engelhardia spicata*）果序下垂，坚果球形，花柱和苞片宿存，苞片指状3裂，基部外轮廓近直角，中间裂片长为侧裂片1.5倍。林下开花的植物极少，主要是开黄花的密花合耳菊。花序比两天前在苏湖南海坡见到的稍舒展。

左页图 五加科大参的花序，2018年9月27日。

本页图 胡桃科云南黄杞，树上有干枯下垂的果序，附着于果实的指状苞片清晰可见。2019年1月6日于布朗山。

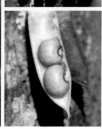

上图 叶下珠科四裂算盘子，2019年1月6日于布朗山。

左下图 豆科乳豆的叶、豆荚和种子。2019年1月6日于布朗山。

右下图 乳豆的茎，右手性。《云南植物志》和《中国植物志》画错了。

小树林中，叶下珠科（原大戟科）的四裂算盘子（*Glochidion ellipticum*，据FOC）数量非常多，叶近革质，蒴果通常4室，树干上有大量地衣。下部树干上攀缘着豆科乳豆（*Galactia tenuiflora*）。《云南植物志》和《中国植物志》上的图均画错了，乳豆的手性为右而不是左。植物志和植物手册不重视植物手性特征，经常画反，中外皆然。乳豆的小叶片纸质，椭圆形，先端微凹，有小凸尖；荚果线形，萼管宿存；种子肾形，稍扁。

布朗山中部许多山坡被过分开垦，整个山坡数百亩清一色是整齐栽种的茶树，原有的树木几乎全被清除。这样的山看起来一点都不美，生态已经被破坏。这样的山坡无法涵养足够的水分，旱季不抗旱，雨季不防洪。南糯山的南坡也有这种情况，但不如这里厉害。不过，也有部分茶园做得非常好，茶园里间或保留了原生的若干大麻科异色山黄麻、桦木科川滇桤木和西桦、山龙眼科深绿山龙眼、樟

科木姜子和普文楠等树木。宋徽宗赵佶说：植茶
之地，崖必阳，圃必阴。现代研究表明，适当遮阴
可以改善茶园小气候，调解土壤水分，改良土壤物
理性状，提高土壤肥力，还可减少风害。此外，遮
阴对茶树理化性状、茶叶品质也有影响。（王宏树，
1990）生态好，茶叶质量才好。聪明的人类可以
"像山那样思考"（环境伦理学家、博物学家利奥波
德语），听得懂大自然的语言；小尺度的高效率、
高收益，在大尺度上看可能是不合适的、不可持续
的。建议每亩茶园至少保留4株本土树木，即每公
顷保留60株。

在山顶平坦道路边见到两株特意留下的大树。
一株是大戟科鼎湖血桐（*Macaranga sampsonii*），
原来称山中平树（*M. hemsleyana*），《云南植物志》
仅标出云南红河河口有分布。鼎湖血桐大树附近有
许多小苗。此树的特点是：叶柄接近着生于叶边缘
而不是叶中；叶基部凸而不凹；近似基出脉3条，
个别的两侧还多出2条小脉，明显区别于印度血桐
（*M. indica*）和中平树（*M. denticulata*）。另一株位
于路北，长得过高，20米以下笔直无任何分枝，用
观鸟的望远镜看了半天才确认是山茶科木荷属的，
无法分辨是哪个种。树下及附近有杉木、翼梗五味
子（有花）、中华里白（*Diplopterygium chinense*）、
锈毛莓、木姜子。中华里白羽轴上面两侧有隆起的
狭边，小羽片无柄，叶下面羽轴及裂片被浅棕色的
鳞边及星状毛，裂片顶端有极小的凹缺。锈毛莓是
最近几天见到的第4种悬钩子属植物，以前在贺松
见过，但没有这里多。

上图 大戟科鼎湖血桐
的嫩尖，2019年1月6
日于布朗山。

下图 鼎湖血桐叶的下
面，注意叶脉接近基出。

左页图 中华里白，二回羽片的上面。

右上图 布朗山中部山顶道路边挺拔的木荷属大树，下部无分枝。用望远镜方能看清叶子。

左下图 里白科中华里白叶轴顶端的休眠芽及二回羽状的羽片，2019 年 1 月 6 日于布朗山。

右下图 中华里白，二回羽片的下面。

茶园边一株木荷属大树上附生了大量的水龙骨科石韦（*Pyrrosia lingua*），叶厚革质，孢子囊群在叶下面满生、呈棕色。下午在布龙保护区内的壳斗科大树上见附生的水龙骨科中华瓦韦（*Lepisorus sinensis*）。

道路边上，菊科翼齿六棱菊（*Laggera crispata*）正在开花，茎翅有齿。石松在人工剖面上尽情生长。在通风的路缘，鸡嗉子榕的大叶子总是那么充满朝气，其叶互生，叶基部偏心形，一侧耳状。豆科黄毛黧豆垂着数十串花序。叶呈淡黄色的防己科苍白秤钩风（*Diploclisia glaucescens*）嫩藤悬垂于路北。它是一种美丽的大藤子，红果也很好看，只是我在野外没有遇上。在勐仑，中国科学院西双版纳热带植物园里倒是有许多。豆科猴耳环的花序开始长出，但还未开花。它的叶真是完美的艺术品，但不容易压制标本，干燥的过程中小叶易脱落。鸡嗉子榕旁边有唇形科（原马鞭草科）木紫珠（*Callicarpa arborea*），乔木，叶厚革质，叶下面被灰黄色星状微

上图 水龙骨科石韦，叶厚革质。

下图 菊科翼齿六棱菊

绒毛，侧脉每侧7~10条，叶脉在叶下面隆起显著；聚伞花序6~8次分歧。

　　下午2：34，在一个转弯处沿山脊步行进入布龙自然保护区。布龙保护区面积相当大，向东一直延续到景洪，有多条公路穿插其间，管理起来比较麻烦。1月6日和7日多次发现，保护区内的若干路口内被有计划地大量倾倒垃圾，森林内部多处有用火痕迹。入口处壳斗科枹丝锥（*Castanopsis calathiformis*）比较多。叶厚纸质，亮绿色，叶缘通常自下部起有波浪状钝裂齿；叶的侧脉清晰，每侧20~28条，直达齿尖；此时有的已在开花。小枝顶端叶密集，以及侧脉明显、叶缘有钝裂齿，是此种的突出特点。五列木科茶梨新长出的叶子红棕色；木兰科多花含笑（*Michelia floribunda*）只见到小树，在花期它的花想必非常漂亮。附近有远志科黄花倒水莲、牛栓藤科小叶红叶藤、苏铁蕨、钝叶桂。菝葜属植物和报春花科白花酸藤果长在一起。天门

冬科羊齿天门冬（*Asparagus filicinus*）和大花蜘蛛抱蛋（*Aspidistra tonkinensis*）长在一处。前者在苏湖的林下常见。后者叶单生，彼此远离；叶片绿色，上面有淡黄色斑块。大花蜘蛛抱蛋在贺松草果谷有很多。

下午接近4时，到达布朗山乡时，见丁字路口一家依山而建的旅店旁晒着棕叶芦花序，有的捆成了扫帚状（这种植物也称扫把草）。乡政府大院位于东侧，十分开阔，植有王棕、木蝴蝶和刺芹。旁边路北司法所门口的一株盆架树，密集生长了6根主干。

第二天，2019年1月7日，将由布朗山乡向东，即向南阿龙河下行的方向行进，终点是勐海县东侧景洪市的勐龙镇（当地人称大勐龙），因为中途没有住处。布朗山乡涉及5条河，西侧有南撒河、南览河，中部有南桔河、南洞河，东部有南阿龙河。实际上除了南桔河外，其他4条都位于布朗山乡的边境处。

8：25逛布朗山乡早市，未见新颖的植物。沿勐布线向东约一千米，在勐布线里程碑33.2千米处，向北走入一个小山沟看植物。中华里白重重叠叠，占据了很大面积的山坡，高差达20米，十分壮观，城市公园、植物馆造景无论如何操作也不可能做出这样的景观。

里白属植物的繁盛，指示这里是酸性土壤。可是，在这里若干比较陡的山坡上原有树林被砍伐，栽上了茶苗。这不是好兆头。整体而论，茶叶已经够多了，提升品质、稳定价格是关键，盲目扩大产量是下策。小溪旁遇上唇形科藤状火把花（*Colquhounia sequinii*）：藤状，枝条横生，长2～3米；小枝圆柱形而不是四棱形，密被柔毛；叶基部近圆形，边缘有细锯齿，叶上面疏被糙伏毛，下面沿中脉及侧脉被柔毛，侧脉每边3～5条，在上面微凹陷，下面明显隆起；轮伞花序，花萼筒具红脉，花冠红色，冠檐二唇形，上唇长圆形，下唇3浅裂。40分钟后返回主路继续东行。

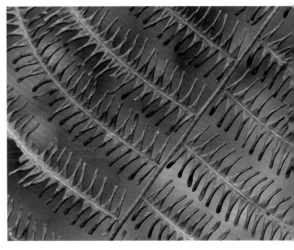

10：30到达帕点，大雨，在村口的亭子中避了一会儿。勐布线里程碑25.5千米处有布龙保护区的一个入口，里面倒了好多垃圾，属于长期有计划倾倒。垃圾

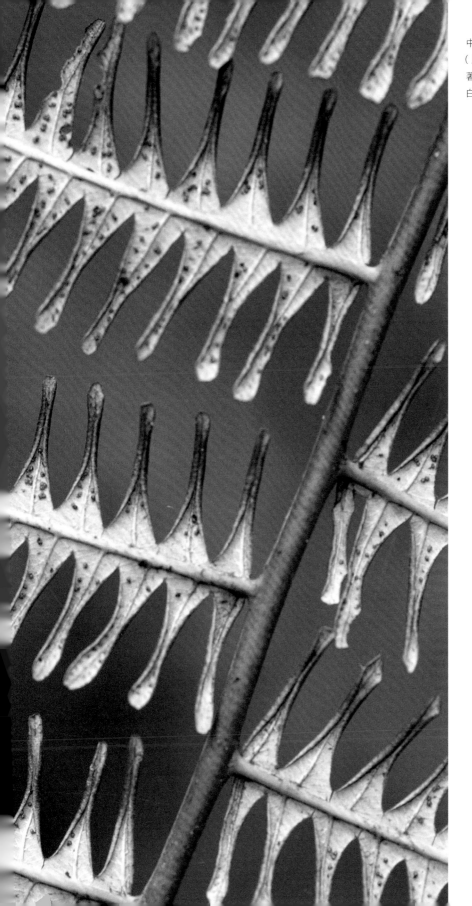

中华里白干枯叶的下面（局部），孢子囊群显著，由此区别于红毛里白、里白、光里白等。

将流入南阿龙河、澜沧江、湄公河。不过，此处的路北是一处非常好的茶园，保留了足够多的本土树木。茶园边小路上有山菅、白花酸藤果、毛轴蕨、木姜子、红背山麻杆（*Alchornea trewioides*）和杜英属植物。

11：17到勐囡。见海芋的叶上有许多圆形孔，是锚阿波萤叶甲所为。它先在叶片上划出圈再一点一点食用，据说是为了切断海芋叶脉的毒素输送，先降毒。这只是一种解释，也存在疑问。既然此虫子如此喜欢海芋的叶，长期进化的结果就极可能是它根本不怕其毒素。先划圈可能另有用意，比如占地盘、恐吓天敌。海芋的上方从山坡伸过来歪叶榕（*Ficus cyrtophylla*）的枝条，其叶两侧不对称。路边有入侵的狮耳花（*Leonotis leonurus*），数量颇大，现在只有20厘米高，它原产于非洲南部，现在已经扩展到热带各地。路南阴坡有壳斗科耳叶柯（*Lithocarpus grandifolius*）：乔木，新生叶基部匙柄状、耳状；叶上的侧脉明显，但在叶缘彼此不连通。

正午到卫东村，小桥边有禾本科高大的类芦（*Neyraudia reynaudiana*），高3～4米，钟观光先生称之为假芦，旁边长着棕叶芦。类芦与棕叶芦相比，叶稍窄，秆更细更高，花序更长，秆也会分叉。桥东有海岛棉。交5元钱上山到百丈崖瀑布。卫东村丁字口距离布朗山乡11千米，距离大勐龙37千米。找到瀑布入口，见开花的野牡丹科刺毛异形木（*Allomorphia baviensis*，据FOC）及天门冬科大花蜘蛛抱蛋。下到小溪边，见

上图 海芋叶被锚阿波萤叶甲划出一些圆圈，2019年1月7日于布朗山乡勐囡。

下图 桑科歪叶榕叶的下面

右页图 壳斗科耳叶柯的新叶

几株很高的树木。实在太高，用望远镜也看不太清。溪边也有钝叶桂大树，直径达 40 厘米。没有涉水前行找瀑布，毕竟看过的瀑布多了，重要的是抓紧时间看植物。此处水边金星蕨科红色新月蕨（*Pronephrium lakhimpurense*）引起我的注意：叶远生，奇数一回羽状复叶，羽片 8～12 对；羽片阔披针形，边缘有浅波浪，宽 V 形小脉互相连通，覆瓦状。入口处的茜草科大叶钩藤随一株大树被山洪冲倒而摔在地上。藤子已枯死，但细枝之间仍然通过钩子捆绑在一起，就像人工铁丝网一般，相交处的钩子单侧发育、更为粗壮。找到两枝，沿交汇点旋转一下，令 90 度角相交，好比帐篷的骨架。沿新开辟的土路继续盘旋上行，两侧茜草科玉叶金花属和菝葜科粉被菝葜（*Smilax hypoglauca*）很多，后者的叶十分雅致。钩吻科（原马钱科）钩吻（*Gelsemium elegans*）十分抢眼，花金黄色，密集，组成顶生和腋生的三歧聚伞花序；果期果序变重下沉，蒴果的果柄向上弯曲，使每个蒴果尽可能垂直于地表。这是一种剧毒植物，含多种生物碱，也叫断肠草，傣语称文大海，广西称猪人参，广东称狗向藤。

本页图 禾本科类芦（左）和粽叶芦（右）

右页图 茜草科大叶钩藤的干枯细枝

左页图 菱荑科粉被菱荑的新生枝叶

左上图 红色新月蕨叶的下面（局部）

右上图 钩吻科钩吻的花

左下图 金星蕨科红色新月蕨，2019 年 1 月 7 日于卫东百丈崖瀑布。

右下图 钩吻的蒴果

在山腰处向东望去，风景甚好。沿等高线的小路步行 1 千米，见壳斗科大叶栎（*Quercus griffithii*）和五列木科（原山茶科）厚皮香（*Ternstroemia gymnanthera*）。后者叶革质，顶端呈假轮生状。另有翼齿六棱菊、木姜子属、艾纳香属、醉鱼草属、菝葜属、紫珠属、栎属、牡竹属植物若干种。驱车又上行了一段，但没有去普洱茶胜地班章。一是泥路不好走，二是我对茶没有那么大的兴趣。班章就在南阿龙河的北侧流域山梁处，班章—坝卡龙—邦曼峨是南阿龙河的流域边界。后来有机会真的去了班章一带，但有些失望，那里种茶太多，森林被破坏了。

原路下山返回卫东村。向东在小雨中进入景洪地界。今晚就无法住在勐海县了。路过一佛寺，见五桠果（*Dillenia indica*）。过东风农场六分场，到集市上看植物，吃烤鸡。16：44 到勐龙镇，入住香旺宾馆。

左图 五列木科（原山茶科）厚皮香

右图 五桠果科五桠果

4.8 搜寻卷柏类植物

传统上石松类、卷柏类、水韭类（许多年前在云南景谷芒玉大峡谷见过）和蕨类统称为蕨类。但从演化上看，前三者关系更密切，与后者距离较远，甚至比种子植物与蕨类之关系还远。按现在的体系，石松纲下分出石松亚纲、卷柏亚纲；石松纲下共有三个目：石松目、水韭目和卷柏目。而跟石松纲并列的纲有木贼纲、松纲等。（刘冰等，2018）

来到勐海，本来我对石松类、卷柏类和裸子植物不重视，种子植物才是观察的重点。但在一次闲聊中，一位我很尊敬的前辈说："在方便的时候采集一点勐海的卷柏，不用采很大的标本，夹在笔记本中就可以。"我满口答应，因为这实在不用太费力。可是，第二次到勐海却一个卷柏也没采到，并非不上心，而是真的没见到。理论上会有许多啊，为何实际上见不到？我没敢如实汇报，猜想一定是我找的地方不对。第三次到勐海，我格外关注卷柏，可是头两天在南糯山依然一无所获。

由大勐龙返回勐海镇的路上预计能找到卷柏类植物。

1月8日清早在小雨中由勐龙镇向南再向西返回勐海县境内，中间观察了南阿龙河谷，中午赶到布朗山乡。下午在小雨中由布朗山乡沿 K15 向西，然后逆南桔河而上，汇入 S320，向勐混行进。

在新南东的佛寺稍做停留，继续前行，赶上部分路段整修，车开得很慢。不久，车子在河谷中一路下行，流水声音很大。天气阴沉，小雨突然转大。在 XK15 的 35 千米处远远望见中华桫椤、防己科植物（有果，藤子在前者之上）和一种无患子科槭属植物（叶在小雨中低垂），停车观察。我估计附近应当有卷柏。这地方如果再没有，这第三次恐怕又要空手而回了。我撑起一把破雨伞下车搜寻，判断果然正确，一分钟后找到卷柏科卷柏属第一种植物：黑顶卷柏（*Selaginella picta*），近直立生长，无匍匐根状茎和游走茎，根托只生于茎的下部；根多分叉；主茎呈羽状分枝，无关节，不呈现之字形；茎圆柱状，具沟槽，主茎先端黑褐色。在雨中迅速采集了多份标本。十分钟后看到第二种卷柏：翠云草（*S. uncinata*），通体枝扁平，主枝显著；一回分枝羽状，互生。叶时常呈现奇妙的蓝色荧光。数量不多，只采了两份标本。第二天在勐翁回访那株火镰菜时，在路边碰到第三种卷柏属植物：藤卷柏（*S. willdenowii*），藤状在地面蔓生，生长旺盛，植株长达 2.5 米。至此，采到三种卷柏，虽算不上有多么特别，但总算可以有个交代。

采完卷柏植物，才轮上看附近的其他植物。先看 XK15 沿线道路靠山一侧。有野牡丹科斑点楮头红（*Sarcopyramis nepalensis* var. *maculata*），一种脆嫩的特别小草，高 20 厘米，叶上面有白色的斑点，下面紫色。白色斑点实际上沿叶脉的弧线生长。在金毛狗科（原蚌壳蕨科）金毛狗上以右手性缠绕着防己科桐叶千金藤（*Stephania hernandifolia*），叶倒水滴形，很像同属的粪箕笃（*S. longa*），但叶

左上图 翠云草标本

右上图 藤卷柏，见于勐翁路口。2019年1月9日。

左下图 野牡丹科斑点楮头红，2019年1月8日。

右页图 野牡丹科斑点楮头红标本

左上图 金毛狗叶的下面，灰白色。

右上图 防己科桐叶千金藤，叶子比
粪箕笃大许多。

下图 无患子科波缘中华槭

更大。桐叶千金藤叶柄盾状着生，长5厘米；叶长14厘米，宽8厘米，叶主脉8～9条，其中3大5小。复伞形聚伞花序腋生，总梗细弱，长6厘米；核果倒卵状近球形，成熟时红色，此时黄绿色。金毛狗叶革质，叶下面灰白色，泛珍珠光泽，以前在苏湖和勐阿北部见过。

再看前进方向（西方）的右手边，即河谷一侧。近处有无患子科（原槭树科）波缘中华槭（*Acer sinense var. undulatum*），仅3米高，处于幼年，植株大部分叶子是新长的嫩叶，纸质棕红色，5裂，先端尾状突尖，边缘浅波状。附近有芭蕉科阿希蕉或野蕉。资料记载，此变种的模式标本采自勐海南糯山，距离此处不远。远处有高大的中华桫椤，高约10米。

1月10日在滑竹梁子，林中找到勐海卷柏科卷柏属第四种植物：疏叶卷柏（*Selaginella remotifolia*），贴石头生长，部分叶已枯黄。在半山腰一户人家东侧，叶萼核果茶树丫处有石松科石杉亚科（据PPG系统）椭圆叶马尾杉（*Phlegmariurus henryi*），数量不多，只见到三株。此种模式标本采自云南屏边。

　　去年9月1日在贺松见到石松科石松亚科藤石松（*Lycopodiastrum casuarinoides*），大型草质美丽藤本，长达5米，主枝经常左手性。不育枝基部时常扭转，常右旋缠绕于其他植物或与自身相缠，不等位二叉分枝，分枝细长柔软下垂，黄绿色，圆柱形。能育枝较短，红棕色，多回二叉分支；孢子囊穗黄色，弯曲。这种植物最早在广西大明山见过，一直非常喜爱。

左图 疏叶卷柏，2019年1月10日于勐宋滑竹梁子。

右图 椭圆叶马尾杉，2019年1月10日。

左上图 藤石松不育枝，2018 年 9 月 1 日。

右上图 藤石松能育枝

左下图 石松，2018 年 9 月 1 日于贺松。

在贺松、南糯山、布朗山见到石松科石松亚科石松（*Lycopodium japonicum*），主枝匍匐生长，长达 8 米。易生长在路边靠山一侧的剖面上，通常占据整个坡面。在布朗山乡向东一千米处见到石松科小石松亚科垂穗石松（*Palhinhaea cernua*），主枝较细，向上疏生树状的直立枝系；孢子叶穗长卵状，单生于小枝的顶端，成熟时下垂。

从勐混镇到布朗山乡的 K15 县道上，由西向东过了南桔河，东段里程碑 30～37 千米左右河谷中植物极为丰富。补记：2019 年 6 月 8 日在此观察到无患子科干果木（*Xerospermum bonii*）和楝科皮孔樫木（*Dysoxylum lenticellatum*）。前者果实黄色，像小个的不太圆的龙眼，甘甜。后者落地的果实大多被动物啃食了。

左上图 无患子科干果木的叶和果序。成熟的果可食。

左下图 无患子科干果木

右图 楝科皮孔樫木，2019 年 6 月 8 日。

上图 皮孔樫木的果皮

左下图 皮孔樫木的果
实与红色的种子

右下图 皮孔樫木的种子

4.9 勐邦水库的雪下红

1月9日，先到勐遮曼宰龙佛寺，然后沿勐冈公路向勐邦水库方向行进，曼西里农村客运招呼站附近行道树多为豆科铁刀木。在曼冷佛寺路口一傣家小饭馆吃饭。佛寺东南角有茜草科团花4株，集中在一起，长得细高。

"大跃进"年代修建的勐邦水库坝头，有余甘子和密花胡颓子，后者果实尚未成熟。水库水面相当辽阔，十分安静。附近并未见高山，很难想象能汇集成如此大的水体。小雨渐大，水库北侧的道路越来越难行。

钻进树林，看到报春花科（原紫金牛科）雪下红（*Ardisia villosa*），直立灌木，高1米。叶坚纸质，椭圆形，叶缘具波状细锯齿，不明显，叶两面具腺点；花萼长圆状披针形或舌形，黄白色；果球形，红色，宿存花萼包果。

左图 勐遮镇曼宰龙佛寺的重檐和尖顶，2019年1月9日。

右图 勐遮镇曼冷村佛寺

上图 勐遮镇勐邦水库

左下图 报春花科（原紫金牛科）雪下红

右下图 雪下红的宿存花萼

本想一直向南，经勐冈到曼国村而进入 S320。由于车轮不断陷入深深的泥水里，担心抛锚，最终被迫折返。水库东北侧山坡上的一个茶园非常不错，园内保留了许多原生的树木、竹子。其他茶园也应当这样，不能搞单一种植。下山坡的过程中，因太滑连续摔了两次，幸好哪都没伤到，只是裤子和衣服上全是黄泥。

回到 G214 的曼海三角路口，沿 Y019 乡道向曼贺龙、曼拉村方向行进。雨大路不好，最后也不得不返回曼海。这多半天，非常不顺，由于下雨几乎没有看到有趣的植物。

下午两点多，回到勐海镇。天稍放晴，不能浪费时间，决定再次到曼打贺北边勐阿管护站勐翁路口林间看植物。在林下拍摄了若干藓类和姜科植物。见菊科羊耳菊（*Duhaldea cappa*，据 FOC），亚灌木；叶片长圆形、长圆状披针形，上面绿色，下面被灰白色厚茸毛；聚伞圆锥花序，花冠黄色。见壳斗科湄公锥和泥柯。

再次见藤卷柏、坚核桂樱和大果油麻藤。寻找大果油麻藤的豆

左图 菊科羊耳菊

右图 豆科大果油麻藤的果荚

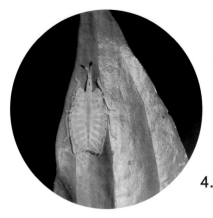

子，但剥开所有果荚，里面均无豆子！被虫子吃了、烂了。

快要离开时，碰到荔蝽（*Tessaratoma papillosa*）的大龄若虫，它隐藏于檀香科寄生藤的叶子下面。

上图 檀香科寄生藤的叶子下面，隐藏着一只荔蝽若虫。

下图 由勐宋乡滑竹梁子南坡向南看的风光，2019年1月10日。

4.10 西双版纳最高峰滑竹梁子

西双版纳州地形整体上西高东低，但最高峰却在靠北的地方，具体讲在勐海县勐宋乡滑竹梁子。很早就在网上搜索过相关信息，猜测那里植被很有特色，2018年第一次来勐海考察植物时就想攀登，却没找到机会。一个月后第二次来，还是没安排上。2019年1月第三次来，一定要实现这个"小目标"。勐海县境内最低点可以不考虑，最高点则一定要亲自瞧瞧，这是户外爱好者的念想。

1月10日早晨8点天还没有全亮，雾气很大，但预报天会晴。9点半定好导航目标：勐宋乡的坝檬村。从勐海镇春海茶苑酒店出发，沿G214向东北行进，然后再向北。经过勐宋乡，道路变窄，拐来拐去，不断爬升，过保塘中寨、保塘旧寨，于10：35到达登山起点坝檬村的小停车场。从东西两个方向都可以到达这里，我选择的是东侧路，但哪条路都不宽，在浓雾中驾车要小心。10点中途停车欣赏勐海美丽风光。登高而望，视点优越而见者远。雾在脚下分

三四层缭绕在一排一排的山岭间。由北向南、由高向低望去，近处最暗，是逆光下的异色山黄麻、壳斗科和山茶科小乔木、禾本科的棕叶芦和高大竹子。取景框右下侧是被阳光照亮的山坡，左下侧是东部山岭投下的阴影。偶有村寨杂陈其间。其前方是缥缈的云雾和蓝黑色的山梁。最远处是白云，然后是蔚蓝的天空。取景框的最上面又是白云，浓淡不同。由于观察点远高于下部云雾和远处山岭，好似在飞机上通过舷窗俯视。美妙之处在于，眼前展示的画面不是静止的，而是每时每刻都在变幻：中部的雾、上部的云、大地上的光影都在演化。在此拍摄一部延时风景小片应当很不错。可我没时间做这些，高山在召唤。

在坝檬村停车场拍摄了一种美丽毛毛虫后就开始登山，这种虫子布满了一株云南柳（*Salix cavaleriei*），快吃光它所有的叶。本想花一点钱让老乡开摩托车先送上一程，网上说，那样可节省体力。但一打听，老乡说时候还没到，山路十分软，有些地方还很泥泞，摩托车根本走不了，得等到 2 月中旬以后才可以。

进入树林，最先注意到的是蔷薇科坚核桂樱掉落的青果，然后是报春花科（原紫金牛科）的两种植物。坚核桂樱高不见顶，连叶都看不清。但果实已经足够可靠。报春花科第一种植物是百两金（*Ardisia crispa*），结红果的小灌木，只有一米多高。一听百两金的名字，就知

上图 云南柳上的毛毛虫

下图 报春花科（原紫金牛科）百两金

上图 报春花科（原紫金牛科）金珠柳

下图 唇形科大籽筋骨草

道与中药有关。据说治咽喉痛、扁桃腺炎、肾炎水肿及跌打风湿等症，还可用于治白浊、骨结核、痨伤咳血、痈疗、蛇咬伤等。啥叫"白浊"？白浊即尿精或者类似的从尿道口滴的出白色浊物，《黄帝内经》称之为白淫。我们普通人不是江湖医生，别总想着没病治病。百两金鲜红、具黑色腺点的小果子可食，记住这一点就够了。报春花科第二种是正开着白花的杜茎山属金珠柳，在贺松已见过。

在林中沿小路上行，陆续见到如下植物。

唇形科大籽筋骨草（*Ajuga macrosperma*），高 40 厘米，轮伞花序在枝的上部着生，组成穗状花序。花冠蓝紫色，冠檐二唇形，上唇长圆形直立，先端 2 浅裂，下唇 3 裂前伸，中裂片铲子形下探，先端微凹。唇形科米团花（*Leucosceptrum canum*）之花序刚刚长出，要看到花还得等一个月以上。樟科钝叶桂，有红色的嫩叶。胡椒属（*Piper*）附生于大树上，大约是黄花胡椒。胡椒属云南有 41 种 2 变种，不容易鉴定。菊科戟叶小苦荬（*Ixeridium sagittaroides*），基生叶圆形、三角

左图 唇形科米团花

右图 菊科戟叶小苦荬

形、五角形，基部心形，叶两面无毛；叶柄长达 10 厘米，暗绿至紫红色，不都具有狭翅。茎单一，直立。叶子像雨农蒲儿根，但花序不同。植物断口流出白色汁液，品尝后感觉极苦。这个种叶形变化很大，我见到的这个群落叶形虽然没有完全脱离植物志的描述，但与查到的标本馆标本及他人拍摄的照片差异较大。

随着海拔的增高，几乎所有树干上都生有苔藓类植物，古茶树的枝干上也挂满了藓。常见的种类为：

1. 蔓藓科绿锯藓属（*Duthiella*）；

2. 金发藓科小金发藓属（*Pogonatum*），之前在南糯山也见过；

3. 提灯藓科匍灯藓属（*Plagiomnium*）；

4. 白发藓科青毛藓属（*Dicranodontium*）；

5. 蔓藓科蔓藓属（*Meteorium*）；

6. 孔雀藓科雉尾藓属（*Cyathophorum*）；

7. 青藓科青藓属（*Brachythecium*）。

左页上图 蔓藓科绿锯藓属植物

左页下左图 金发藓科小金发藓属植物

左页下中图 提灯藓科匍灯藓属植物

左页下右图 白发藓科青毛藓属植物

左上图 孔雀藓科雉尾藓属植物

右上图 青藓科青藓属植物

下图 蔓藓科蔓藓属植物

之前在勐翁路口见到几种藓，分属于如下属：

8. 真藓科大叶藓属（*Rhodobryum*）；

9. 曲尾藓科曲尾藓属（*Dicranum*）；

10. 白发藓科白发藓属（*Leucobryum*）；

11. 灰藓科灰藓属（*Hypnum*）；

12. 蔓藓科悬藓属（*Barbella*）。

以上藓类共计9科12属。

滑竹梁子是我知道的勐海境内苔藓最发达的地区。藓中有石松类和蕨类植物：膜蕨科假脉蕨属（*Crepidomanes*）。在半山腰，地表落了许多叶萼核果茶的果实；在枯叶中也找到了黑色的大果油麻藤种子。压扁状，中间微凹；果脐甚长，围绕着种子约占周长四分之三！

左图 真藓科大叶藓属植物

右图 曲尾藓科曲尾藓属植物

左上图 白发藓科白发藓属植物

右上图 蔓藓科悬藓属植物

左下图 灰藓科灰藓属植物

右下图 膜蕨科假脉蕨属植物

南坡上部及东坡平坦处有茜草科镰叶茜草（*Rubia falciformis*），也叫对叶茜草，我国特有。茎方柱形，叶对生，叶片革质；基出脉5条，叶脉在叶上面下凹。

12:13，遇到葡萄科的崖爬藤属大藤子，从十几米高的山龙眼属植物上垂下十几条细枝，藤上挂满了"葡萄"，仅这一株结果就有上百千克。小枝圆柱状。叶鸟足状5～7小叶，小叶每侧有3～6个锯齿，侧脉每边5～9条。二歧聚伞果序，长约12厘米。果球形，直径1厘米左右，此时紫红色。特征最接近西双版纳崖爬藤（*Tetrastigma xishuangbannaense*）。见两种山龙眼属植物。快要开花的是潞西山龙眼（*Helicia tsaii*），叶纸质或近革质，叶基部渐狭，近基部叶全缘。果序局部总状，整体为松散的圆锥状。花序样子有点像山龙眼科澳洲坚果属（*Macadamia*）的。另一种为深绿山龙眼，叶革质，全缘或有时具疏生的锯齿；侧脉5～8对。花白色或黄色，多一梗双生，

左图 茜草科镰叶茜草

右图 西双版纳崖爬藤

上两图 山龙眼科潞西山龙眼，叶和花序。

左下图 滑竹梁子西坡半山腰一个茶园中的深绿山龙眼

右中图 山龙眼科潞西山龙眼的果序

右下图 山龙眼科潞西山龙眼的叶和果实

或并两梗贴生；果球形，干后褐黄色，顶端具尖头；总状花序或者总状花序组成大的圆锥花序。果柄粗壮，黄褐色，长0.7厘米；每序有果2～9枚，果期7～12月；果实近球形，直径2.5～3厘米，黄绿色，光滑，轴不对称，缝合线一条，顶部有喙。在普洱一带叫母猪果，景颇族喜吃其果仁。傣语称深绿山龙眼为埋其母（mai-qi-mu），符合"埋+something"的结构，意思是果子有怪味，如猪的粪便！

14：42到达顶峰，上山共用时4小时3分。顶峰是个小平台，有一大一小两块风化的圆形花岗岩，周围全是5～8米高的树（包括山龙眼属），边上立着一个蓝底白字牌子，标出海拔为2429米。

下山犯了一个经常犯的错误：没有坚定地沿原路返回。背后的心理其实很清楚：走新路希望看到新的植物，胜过了沿原路老老实实安全折返。再次提醒自己和朋友：对于陌生地方，这样做是不可取的！在顶峰向西走了几步，发现有下山的小路，似乎比从东侧上山的小路还好。本来想好原路返回的，此时不知为何灵机一动就向西下行了。走了一百多米，觉得还可以，也就认了。

西坡的植物非常不同。下行中见20多株山茶科厚短蕊茶（*Camellia pachyandra*），《云南植物志》称滇南离蕊茶。乔木，高约10米，胸径达45厘米，树干棕色光滑。叶薄革质，椭圆形，先端渐尖，基部圆形；蒴果红色，扁球形，中央微凹，3～4室，种子半球形。

海拔2100米以上，树林湿气还很重，藓类植物包裹着各种乔木和大藤子。见防己科细圆藤（*Pericampylus glaucus*），木

西双版纳州最高峰滑竹梁子的最高点，有球形风化的花岗岩。

左上图 山茶科厚短蕊茶

右上图 山茶科厚短蕊茶的树干

右下图 马兜铃科异叶关木通

质藤本，叶薄纸质。老茎的形态比较有趣，上面长满了绿锯藓属藓类植物。云南的标本叶基部更呈心形，端部相对尖一些。此种最早是拉马克1797年命名的，后来梅里尔1917年进行了修订，所在属有调整。一米以内还有一株马兜铃科异叶关木通（*Isotrema hetero-phyllum*）小藤。

穿越一片以菊科破坏草为主的草地，在一个开阔的平台处，见玄参科大序醉鱼草（*Buddleja macrostachya*），《云南植物志》称柱穗醉鱼草（*B. cylindrostachya*）。直立灌木，茎4棱；叶革质，长披针形，下弯，上面皱而无毛，下面密被星状毛；叶边缘有细锯齿；总状聚伞花序顶生，密集成圆柱形；花冠粉红色。

一小时后，感觉有点不对劲，小路一直向西偏，没有向东的意思，而上山的出发点显然在东边。随着海拔的降低，手机也有了信号，定位之后更确认已经偏离方向。希望再走一段可以找到向左前方（东侧）的路线，却一直没有，只有硬着头皮走到底，反正只要到了大路就有办法回到出发点。最后终于到了蚌竜老寨，下山用时2小时23分。此处距起点坝檬水平距离4.3千米！走回去取车显然太远了。找了一辆摩托车带我过去，给了50元，司机很高兴。

从勐宋乡西侧经蚌囡和曼方返回勐海镇时，路过一株高大的木棉树，孤零零一棵，周围没有任何其他树木。树顶有少量红花，下部小枝上有极少数老叶。看木棉花，得等到下次。

4.11 西定乡：毛杨梅、宽果算盘子和茶梨

今天（1月11日）的主要任务是向西定贺松方向行进，到勐海茶厂巴达基地（大门上有大益字样）入口处核实毛杨梅。沿途也看看樱花和芸香科的一种乔木。

南糯山一带樱花前些日子就已盛放，甚至有些已经开始凋落，但西定这里相对冷一点，高盆樱桃正处于最佳观赏期。路边、山坡、茶园边不时浮现出美丽的樱花，这段路颠簸的烦恼已经不重要。

左页图 玄参科大序醉鱼草的圆柱形花序

本页图 玄参科大序醉鱼草

荨麻科两种灌木果实刚好成熟，一红一白，但不能简单地按名字对号入座。一种是长叶水麻（*Debregeasia longifolia*），果实橙红到紫红色。叶倒卵状长圆形或者披针形，叶下面被灰白色毡毛；叶侧脉5～8对；花序生于叶腋，球状团伞花序；果序球形，直径4毫米。茎皮纤维可代麻用；果可食用；根叶可入药，清热利湿；叶还可作饲料。另一种为滇藏紫麻（*Oreocnide frutescens* subsp. *occidentalis*），果白色，并非紫色。其实是肉质盘状环鞘半包裹着墨绿色扁卵形核果，远处看像小毛花生于树枝上。小乔木或灌木，高3～8米；叶下面淡绿色；叶侧脉3～4对；花序生于去年生枝和老枝上，密团伞状；肉质花托浅盘状，熟时增大，为白色，呈壳斗状托着果实。果期11月至下一年2月。茎皮纤维可织麻袋；叶可作猪饲料。由勐遮到贺松的公路边非常多，在曼瓦瀑布也见到过。

颠簸了半个多小时，顺利到勐海茶厂巴达基地入口。那株开满

左页图 蔷薇科高盆樱桃，2019年1月11日。

左上图 荨麻科长叶水麻，花序。2018年9月27日于勐阿。

右上图 荨麻科长叶水麻，果序。2019年1月11日。

右中图 荨麻科滇藏紫麻

左下图 杨梅科毛杨梅，雌株。

右下图 杨梅科毛杨梅，雄株。

花的毛杨梅乔木还在那，不过并没有结出果实，原来它是雄株！在附近寻找雌株，在400米开外，还真找到4株，树梢偶尔长有表面满是小颗粒的果子，还未成熟，只有黄豆粒大小。

主要任务完成，可以悠闲地边走边瞧往回返。

首先确认的是叶下珠科（原大戟科）宽果算盘子（*Glochidion oblatum*），灌木，高6米。远处看容易以为是胡桃科植物的羽状复叶（细枝条易误认作叶轴），实际上是互生的单叶。叶厚纸质，长圆形至长圆状披针形；叶上面绿色，无毛，叶下面灰白色，密被黄白色柔毛；侧脉6～8对，在叶下面凸出；蒴果扁球形，直径15～20毫米，具种子6～10粒，种子棕褐色。此植物在南糯山黑妞庄园附近也常见。

接着看到了极有趣的五列木科茶梨，以前只在勐阿管护站林中树下拾到上一季留下的果实。叶革质。叶长125～132毫米，宽36～60毫米，基部圆形；叶柄长17～22毫米；花近10朵聚生于枝端；萼片5，质厚，阔卵形或近于圆形，黄色，边缘粉红色，宿存。

左图 叶下珠科（原大戟科）宽果算盘子。注意它是单叶而非复叶。

右图 五列木科茶梨的花

右页图 宽果算盘子，叶的下面和成熟的种子。

最外面的2～3个萼片近基部萼缘有小齿10余个，内部萼片上无。以后有机会还会来，看它奇特的果实是如何一点一点长成的。

芸香科飞龙掌血，以前在贺松草果谷和勐宋的蚌岗见过。不过，此时的它刚结出小果，黄色的萼片仍在。尝了一下幼果，很苦。

五列木科（原山茶科）景东柃（*Eurya jintungensis*），叶革质，长圆状椭圆形，边缘具细密锯齿；花簇生；果圆球形，直径4～5毫米，花柱宿存。

牛栓藤科小叶红叶藤（*Rourea microphylla*），藤本或攀缘灌木。枝圆柱形，叶纸质，奇数羽状复叶，小叶9～17片。新生叶红色，下垂。

桃金娘科四角蒲桃（*Syzygium tetragonum*），也称多棱蒲桃。乔木，叶革质；叶卵形、长圆状卵形，先端急尖或者钝，基部宽楔形，

左页图 五列木科茶梨。图的左下角为茶梨果实，2019年6月8日摄于布朗山乡。

左上图 芸香科飞龙掌血

左下图 五列木科（原山茶科）景东柃

右图 牛栓藤科小叶红叶藤

边缘微反卷；叶面苍绿或棕色（新生叶），侧脉 12～16 对，至边缘处彼此相连接；叶柄长 1 厘米，光滑无毛。

　　最后在树林中见到报春花科（原紫金牛科）密齿酸藤子（*Embelia vestita*）的小苗。攀缘灌木，叶片坚纸质，卵状长圆形或披针形，顶端渐尖，基部圆形、心形；叶边缘具细据齿；侧脉约 13 对，直通叶缘齿缺，次级脉则不直接到达边缘。

大叶斑鸠菊只有个别花朵开放，花序上大部分花还得等一个月才会盛放。

到了西定路口，向北折向西定乡。参观泷罕寺，院中南侧广场植有桑科波罗蜜。

西定乡泷罕寺，右侧为桑科波罗蜜。

4.12 曼瓦瀑布的大果山香圆和柘藤

说好的旱季，却接连下雨。下雨导致山路行车不便，更影响野外拍摄。

1 月 10 日查了一下，未来两天难得晴天，想铆足了劲看植物。当应枚安排 1 月 12 日到勐遮镇曼洪村稻田抓鱼、参观曼瓦瀑布时，我有些犹豫。抓鱼自然好玩，小时候经常抓，但与看植物相比，得放一放。此外，抓养殖的鱼，魅力大减。瀑布，在云南也叫吊水，以前看过许多，前几天在布朗山也看过，大同小异，曼瓦瀑布虽是宣传单上印着的勐海少数著名景点之一，但对我吸引力不大。应枚看出来我不大想去，便补充了一句："那里植物也不错，方便时就去体验一下。"我便无话可说。

第二天早上，在勐遮集合，向西北方向直奔曼瓦瀑布。植物果然丰富而且特别，看来到这里是正确的。

在村支书的陪同下，沿着整洁的石头台阶向上，朝瀑布方向行进。起点左侧河溪边有高大的金毛狗。刚走了20米远，左侧一株大树上掉下许多外形像青枣的果实，因为有相对较粗的果柄、宿存的萼片和发黏的乳胶一般的白浆，一看便知是山榄科植物而不是鼠李科植物；取出黑黑的种子，更确认是刺榄属植物。但果实外表光滑无毛，不同于在勐遮曼根佛寺、南糯山姑娘寨见到的滇刺榄，它应当是短柱滇刺榄（*Xantolis stenosepala* var. *brevistylis*）。果实基部有宿萼，前端有宿存花柱，果中只有一粒乌黑发亮的种子，长25毫米，宽14毫米，厚9毫米；疤痕狭长弧形，长18毫米。附近此属还有一个种类，果实稍细，前端更尖，呈倒圆锥形，种子的疤痕呈长三角形或眉毛状，相对厚度也更大。村支书也证实此地有两个不同的种类。植物志上没有描述这个种类，可以将其定名为尖果短柱滇刺榄（*Xantolis stenosepala* var. *brevistylis* f. *oxycarpa*）。补记：2019年4月11日三访曼瓦瀑布时，在下面的餐厅吃到村民用盐腌制的短柱滇刺榄。

左图 山榄科短柱滇刺榄，2019年1月12日见于曼瓦瀑布。

右图 尖果短柱滇刺榄的种子

瀑布落差几十米，但此时水量不大，并不算壮观。附近有两种高大乔木。一种高30米以上，上面附生了许多兰科植物，树皮灰色，有斑纹，纵裂；叶互生，纸质，边缘锯齿有尾状尖头。通过树皮及落叶比较容易判断是大麻科（原榆科）糙叶树（*Aphananthe aspera*）。另一种为樟科大树，高20米以上，胸径40厘米以上，差不多是这一带体量最大的植物了。下部树干十多米完全无枝叶，站在树下根本看不清叶形。在大树下拾到若干风吹断的小枝，附近找到小树苗。叶薄革质，上面光亮，干后褐黄色；叶脉在叶下面凸起，鲜叶主脉黄色，侧脉每侧5～9条。补记：2019年3月2日重访曼瓦瀑布，特意带了150～500毫米长焦，细致观察并拍摄了树上的鲜叶。毕竟标本与实物还是有一些差异的。对比多份标本（CVH中国数字植物标本馆），确认是樟科厚叶琼楠（*Beilschmiedia percoriacea*）。此大树底下，有五加科叶子比较特别的三裂罗伞（*Brassaiopsis*

左图 大麻科糙叶树的树干

右上图 樟科厚叶琼楠，树下拾到的树叶

右下图 五加科三裂罗伞

上图 樟科厚叶琼楠，2019年3月2日用长焦镜头拍摄。

下图 五加科刺通草

triloba，据FOC），《云南植物志》称三裂柏那参，《中国植物志》未收。小灌木，高约1.5米，小叶掌状深裂；由多个伞形花序组成复圆锥花序，细弱的枝头结满了果实。以前只记录云南东南部（富宁）密林中有分布。模式标本是蔡希陶先生采集的。查中国科学院植物研究所"标本伴侣"，标本共4份：1955年采于广西百色县，1957年采于广西罗楼镇，2011年采于广西布泉镇，2015年采于安徽凤城镇。五加科植物还有刺通草，叶子极为特别：掌状叶的中心部位好像有一个蛛网！实际上，几天前在去阿鲁小寨找土沉香树时已见过。叶基部附近的"车轮辐条"并不是小叶柄，因为内部仍然有叶面，只能说一个大的掌状叶中间有7～11个凹陷，叶脉基部有多个三角形塞子。

途中多次见到樟科思茅黄肉楠（*Actinodaphne henryi*），树龄不大，高仅4米左右。叶长达33厘米，宽9厘米。其实叶还可以长得更长，比如达到40厘米。这是一种极为美丽的树种，分枝甚多，亦栽种于开阔花园、城市广场。以爱尔兰博物学家亨利（Augustine Henry，1857—1930）命名的中国植物至少有130种或变种，如滇南省藤（*Calamus henryanus*）、蒙自豆腐柴（*Premna henryana*）、蒙自谷精草（*Eriocaulon henryanum*）、滇南白蝶兰（*Pecteilis henryi*）、狭叶凤尾蕨（*Pteris henryi*）。

在步道尽头，山体岩石有一凹陷，建有小佛塔。西侧山坡上有一株很高的姜科植物弯管姜（*Zingiber recurvatum*），高 2.2 米，部分叶子已经枯黄。地表有三朵红色的"花"，当然不是真花，而是开裂的蒴果内表面。花序梗长达 15 厘米，埋藏于土下，与茎根相连。种子亮黑色，外面包被深裂的白色假种皮。弯管姜种子从假种皮中露出的部分要多于多毛姜的。

上图 姜科弯管姜的种子

下图 省沽油科大果山香圆，果实（右）和种子（左）。

沿西侧另一条有台阶的小道下山，在树下拾到非常奇怪的黄色果实，无法判断是从哪棵树上掉下来的。近似梨形，直径 2～3 厘米，果皮粗糙，末端有三个小刺，相当于三个小足。有的果实没有小刺，但有三个小疤。果实尝起来没有特别的味道，种子黄色，坚硬。一时间，竟然猜不到它所在的科。很长时间之后才搞清楚是省沽油科的大果山香圆（*Dalrympelea pomifera*），这恐怕是近几年我

左图 省沽油科大果山香圆的叶，2019 年 3 月 2 日补拍。

右图 省沽油科大果山香圆标本，2019 年 3 月 2 日采集。

见到的最奇葩的果子了。回头检视在附近拍摄的各种植物枝叶，还真找到了，有小树也有幼苗（具 3 小叶）。奇数羽状复叶，通常小叶 7，顶端小叶略短。实测小叶长 180～230 毫米，宽 65～70 毫米；顶生小叶之叶柄长 32 毫米，其余小叶之叶柄长只有 3～7 毫米；叶基部楔形，先端突尖或尾尖，叶缘有锯齿。侧脉 8 对，二级侧脉极为发达。

　　去年 8 月末在苏湖山顶已经拍摄过即将开花的山香圆属植物，奇数羽状复叶，主脉呈波浪形，小叶 3～9，边缘有锯齿，大概不是这个种。前几天在南糯山和滑竹梁子也见过这个属的植物。在陌生的林区看植物，经常遇到的一个麻烦是，无法把地表拾到的叶、果与附近的某种或高或矮的树结合起来。熟读植物志后出野外，可能做得好一些，但事后仍然会发现先前的野外工作遗漏了什么，比如该看该拍摄的特征没有看没有拍摄！怎么办？记住地点，再次访问。除了不菲的路费，当然还要支付宝贵的时间。到野外，不只是仔细看的问题，如果不能选择性地看重点，再仔细也没用。大自然任何一部分的信息都是无穷大，即使细致扫描也会遗漏重要特征。山香圆属原来写作 *Turpinia*，《中国植物志》和 FOC 都是这样处理的。在 APG 系统下它被拆分重组，重新定义的省沽油科下只有两个属，*Dalrympelea* 属和省沽油属，在新的分类系统下 *Dalrympelea* 叫

省沽油科山香圆属某种植物的枝叶，2018年8月28日见于苏湖。

作山香圆属，包含的全部是亚洲种类。（刘冰等，2015）就名实对应关系需要强调一点，《中国植物志》讲的大果山香圆与FOC讲的大果山香圆指称的不是一种东西!《中国植物志》的那种已经修订为三叶山香圆（*Turpinia ternata*，据FOC），跟此处讨论的这种没有关系，在APG系统下其规范名应当是*Dalrympelea ternata*，它的果实还不够大。

在曼瓦瀑布，还注意到如下植物。

凤尾蕨科（原铁线蕨科）普通铁线蕨（*Adiantum edgewothii*），羽片新月形，一侧全缘一侧边缘浅裂。

凤尾蕨科岩凤尾蕨（*Pteris deltodon*），高20厘米，生长于石缝中。奇数一回羽状复叶，中间一片较长。

凤尾蕨科线羽凤尾蕨（*P. linearis*），二回深羽裂，侧生羽片对生或互生。马原家城堡石缝中也有。

凤尾蕨科全缘凤尾蕨（*P. insignis*），一回羽状，羽片对生或近互生，向上斜山。孢子囊群线形，着生丁能育羽片的中上部边缘。

金星蕨科滇越金星蕨（*Parathelypteris indochinensis*），二回羽状深裂。全叶被较密的灰白色长针毛、柔毛。

金星蕨科溪边假毛蕨（*Pseudocyclosorus ciliatus*），株高30厘

左页图 线羽凤尾蕨标本，采于曼瓦瀑布。

左上图 铁线蕨科普通铁线蕨

左下图 凤尾蕨科岩凤尾蕨

右上图 凤尾蕨科线羽凤尾蕨

右中图 凤尾蕨科全缘凤尾蕨

右下图 金星蕨科滇越金星蕨

金星蕨科溪边假毛蕨

米，叶簇生。二回深羽裂。

旋花科飞蛾藤（*Dinetus racemosus*），攀缘灌木，茎右手性，草质，叶卵形，基部深心形，掌状脉基出，7～9条。

毛茛科威灵仙（*Clematis chinensis*），一回羽状复叶，3～5小叶。藤长约5米。

毛茛科多花铁线莲（*Clematis jingdungensis*），一回三出复叶，稀为单叶。新生苗茎下部单叶对生。叶基部心形，基出脉5条。只见若干小苗。

蔷薇科攀缘灌木梨叶悬钩子（*Rubus pirifolius*），枝具柔毛和扁平皮刺。单叶，近革质，卵状长圆形，两面有柔毛；叶柄长1厘米，叶下面叶脉突起。老藤直径4厘米，长约10米。悬钩子属中国就有208种，其中139种为特有种。云南就有105种、33变种！可怕不？仅这个属就可以写一部书了。如果分不清，可以统一叫"如布施"（*Rubus*）。认准了这个属，即使不认识具体种也没关系，依然可以从黑龙江到海南，由北吃到南。

另有天南星科爬树龙（*Raphidophora decursiva*）、锦葵科破布叶属（*Microcos*）和胡椒科胡椒属植物，后者攀缘藤本，直径 1.5 厘米，高 5 米。破布叶属的这个种还有待进一步研究。

两小时后返回停车场，在东侧休息区见一株藤黄科藤黄属（*Garcinia*）大树，高约 15 米，胸径约 35 厘米。此时无花无果，无法判断是哪个种，初步猜测是版纳藤黄或者云南藤黄。藤黄科不是变成了金丝桃科吗？没全变，其中书带木属、藤黄属和猪油果属仍然留在藤黄科中。

查得 2017 年 6 月 23 日公布的《勐海县勐遮镇曼瓦瀑布生态旅游建设项目》招商说明书，这里将投资 1 亿，预计年旅游收入 1800 万元，年利润 500 万元。曼瓦瀑布风景确实不错，周围植物也相当丰富，步道系统已初具规模，但是开发成一般的旅游风景区似乎可惜了，前景也未必乐观。从主路到这里的分支公路太窄，也不大适合大量汽车通行。也许，打造一个生物多样性教学、研习基地较合适。

中午在广门村吃烤鱼，结识基诺族军旅作家张志华先生，我们

毛茛科多花铁线莲，单叶对生，通常为一回三出复叶。注意不是单叶铁线莲。2019 年 3 月 2 日补拍。

俩都是学哲学的。勐海人稻田捉鱼确实有趣：把水差不多放干，手
持一个圆台形笼子，两端开口，下部口较大。见到鱼，迅速按下笼
子，让笼子底部边缘插到泥中，使鱼无法跑出，再将手从上端的小
口伸进去把鱼拿出。手劲要大，把鱼提出笼子时要紧抓鳃部，否则
鱼一翻身还会挣脱、跳到水里。我只是看了看，没有下水。

　　补记：回到北京，若干天过去了，在曼瓦瀑布拍摄的一种攀缘
灌木始终没有鉴定出来。反复琢磨照片和标本（1月12日我采了三
份标本），先把不大可能的科属排除，看剩下了什么，再有重点地比
对。起先猜大戟科、锦葵科和毒鼠子科，均失败。在延庆石京龙滑
雪场滑雪时，突然想到有可能是桑科毛柘藤（*Maclura pubescens*）。
有花果时，这种植物容易鉴定，没有时则比较麻烦。

　　当晚到景洪。1月13日参观热带花卉园，对东京油楠、琴叶风
吹楠、依兰、木奶果印象较深。

第5章

最北部的勐往乡

> 我应该不会再说错了。正式名称是三点草,但"午后三点"
> 这种叫法更响亮。
>
> ——《植物图鉴》(有川浩,2015:310)

5.1 从嘎洒向北过南果河到勐往乡

到现在为止,虽然谈不上深入,勐海县内各镇都已到过,各
乡中只剩下最后一个没有到。第四次勐海植物考察第一站便定在最
北部的勐往乡。勐往乡地貌与南部完全不同,境内勐往河和南果河
(中游称纳懂河,上游称南朗河)自西向东流入澜沧江,这
里生长的植物想必也有独特性。

令人高兴的是,最近北京竟然可以直飞西双版纳了,
前几日还跟应枚部长谈到这种可能性。2019年2月27日中
午在嘎洒机场取车,13:50出发,先向东再折向北,贴近
景洪市西侧行驶,直奔勐海县勐往乡。全程仅80千米,但
道路狭窄,高德导航预计近3小时到达。由万景大道,转
Y026乡道,穿过南果河,最后与K09县道汇合,一路走走
停停,实际上19:10才到达勐往乡。

此季节,路旁草地景色主要被两种黄花控制:旋花
科掌叶鱼黄草(*Merremia vitifolia*)和豆科虫豆(*Cajanus*

旋花科掌叶鱼黄草,
2019年2月27日。

左图 豆科虫豆

右上图 凤尾蕨科西南凤尾蕨

右下图 毛茛科毛木通

右页图 毛茛科毛木通标本，2019年2月27日采集。

volubilis，据 FOC）。紫葳科火烧花（*Mayodendron igneum*）正好处于盛花期，树干上贴满了小黄喇叭。之后在勐阿也见到若干。它是本土种，以前我误以为是外来种。它的花可作蔬菜。也见榆绿木、思茅黄肉楠、白花洋紫荆、西南凤尾蕨，此处不细谈。爬小树采集毛茛科毛木通（*Clematis buchananiana*）标本。小叶长 110 毫米，宽 72 毫米；叶总柄长 90 毫米，顶端小叶柄长 56 毫米，侧生小叶柄长 30 毫米，叶缘有圆锯齿；花序全长 300 毫米，主轴上 4 次分枝；瘦果卵圆形，宿存花柱 62 毫米。村庄中偶尔栽了几株劲直刺桐（*Erythrina stricta*，据 FOC），本土种。茎上有皮刺，此时无叶，花萼佛焰苞状，红花。后来在蚌岗森林中又见到若干。

紫葳科火烧花

在纳板河附近，遇到豆科密花豆属的一种藤子，与以前所见不同。羽状复叶 3 小叶较大、油亮，中脉黄色；圆锥花序腋生，长达 30 厘米。花紫红色，较小，但非常多，每序上有数百朵花，每一支序上，下部三分之一在开放。从花序结构可初步判断是耿马密花豆、美丽密花豆或单耳密花豆三者之一。因为花较小，风又大，在野外无法解剖花来看耳的形状和数量。采了叶和花序标本。20 天后在北京的家里，找出早已干燥的花序标本，从支序上取下一小段，包含 6 朵花，放到水盆中用温开水浸泡 10 分钟后开始解剖。先切掉花筒底部的铃铛柄部，剥离萼片、旗瓣、雄蕊群和雌蕊，再用镊子轻轻分离翼瓣和龙骨瓣。旗瓣近圆形，中间微凹，这一部分对于分类并不关键。翼瓣此时呈紫黑色，基部两侧斜截，中间部位一侧有小圆耳，一侧无耳。龙骨瓣此时呈淡黄色，形状与翼瓣相似。根据花的解剖特

左上图 豆科劲直刺桐

左下图 美丽密花豆，叶的下面和部分花序。

右图 豆科美丽密花豆部分花序

右页图 豆科美丽密花豆的花序。原来称褐花密花豆，现合并。

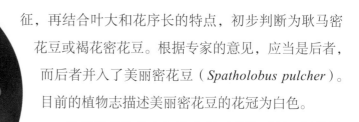

征，再结合叶大和花序长的特点，初步判断为耿马密花豆或褐花密花豆。根据专家的意见，应当是后者，而后者并入了美丽密花豆（*Spatholobus pulcher*）。目前的植物志描述美丽密花豆的花冠为白色。

锦葵科两种乔木相继出现于道路西侧。假苹婆（*Sterculia lanceolata*），圆锥花序腋生，多分枝；花淡红色，萼片5，基部连合，星状外展。翅果麻（*Kydia calycina*），叶近圆形，主脉5～7条，边缘3～5浅裂，两面粗糙；蒴果球形，宿存小苞片倒卵状长圆形；可放养紫胶虫；树皮纤维可制绳索。前者正开花，后者已结果。

17：34 在大石头寨南见桑科奶桑（*Morus macroura*），《云南植物志》称光叶桑。乔木而非灌木，非常特别，此时雄花序挂满了枝头。树皮有纵裂；叶膜质，宽卵状圆形，长12厘米，宽7厘米，基

上图 锦葵科翅果麻

下图 锦葵科假苹婆

右页图 锦葵科翅果麻标本，2019年2月27日采集。

部圆形至浅心形，先端渐尖至尾尖；叶两面无毛；基生侧脉延伸至叶片中部，侧脉每侧 6 条左右。这是我见过的最大的桑属植物。雌雄异株，似乎雄株较多，或许因为雄花序更招摇显得如此吧。过了几天，在勐宋曼吕的山上又见到几株，依然是雄株。

在河谷中，高大的千屈菜科八宝树随处可见。自去年刚来勐海在林草局后院见到一株后，这是第二次相见。数月来一直在琢磨：勐海境内哪里能见到八宝树呢？看来，此植物特别适合生长在河谷中。缓慢行驶中，逆光可见路边豆科顶果树（*Acrocarpus fraxinifolius*），此树高度可达 30 米，我见到的高约 6 米。二回奇数羽状复叶，长 30～40 厘米，小叶对生。

18 时过南果河桥，河套中巨石密集排列，水却不多，桥头有八宝树。约 19 时到勐往乡，住乡里最南侧一农户家中，晚上到勐往中学附近吃饭。

5.2 勐往河谷：麻楝、榆绿木、家麻树

2019年2月28日，计划主要在勐海县勐往乡境内看植物，先北后东。第一项任务，还是考察街边的早市。除了水香菜、卵叶水芹、蒙自水芹、香蓼、酸豆（甜角）、余甘子、大果榕嫩叶、小果野蕉嫩花序，新见识了几种可食的野生植物。

第一种野生食材为玄参科醉鱼草属植物，出售的花序包括两个种，均用来煮米饭，据说是借此获得黄色和特殊香味。它们能作食材，超出了我的想象，印象中这个属的植物有毒。无论如何，是否可食，凭推理是推不出来的。过几天在曼吕正好瞧见有人在野外采摘其颇大的花序。第二种是滑板菜，某种植物的嫩尖。初看以为是山牵牛，回北京后用很长时间才查到是防己科连蕊藤（*Parabaena sagittata*）。草质藤本，茎具条纹，被糙毛状柔毛；叶阔卵形、长圆卵形，叶基部箭形、戟形或心形，叶边缘有疏齿，两面有毛。据说可用来做汤。依然想不到这类植物还可食用。它的其他名字还有蕊藤、犁板菜、发菜。食品安全极重要，为确保鉴定无误，查证了两份文献，均证实早市所见野菜确实是连蕊藤（许又凯等，2002：220—224），并且知道已有人尝试栽培。"可采收其嫩尖和嫩叶捆扎成小把上市。滑板菜可配上豆豉、豆酱炒食，也可做汤，也可烫后蘸酱吃。其炒熟后色泽翠绿，吃起来纤维少，口感好，略带清香。"（谢椒芳，2005）

上图 豆科顶果树

下图 玄参科醉鱼草属密蒙花，用于煮米饭。2019年2月28日。

第三种当地人称"白花"，用开水焯过，攒成了鹅蛋大小的花团。它来自豆科白花洋紫荆（*Bauhinia variegata* var. *candida*），云南称大白花，傣语称埋修。摊主告诉我，这种白花可煮汤或炒食，味道非常好。此花可食，倒不令人惊奇。后来，在景洪的泼水节"赶摆"中，再次见到。

早市上的两种新奇野果第一种叫酸扁果，样子像萝藦的果实，但蓇葖外表有翅棱，可能更像翅果藤（*Myriopteron extensum*），可是纵翅粗且不整齐。无法想象，这类果实竟然可以吃。给摊主一元钱，咬开一只品尝，非常酸。果的结构及里面种子的形状也与萝藦相似。仅凭果实，回北京后经过半个小时查证，确认是夹竹桃科毛车藤（*Amalocalyx microlobus*）。木质藤本，叶纸质，宽倒卵形或

左上图 滑板菜，防己科连蕊藤。

右上图 "白花"，豆科白花洋紫荆。

左下图 豆科白花洋紫荆

右下图 酸扁果，夹竹桃科毛车藤。

椭圆状长圆形，基部耳形，叶面密被粗毛；聚伞花序腋生，花冠红色，近钟状。模式标本采自云南思茅（普洱）。另一种果实是密花胡颓子（*Elaeagnus conferta*），其变种为勐海胡颓子（*E. conferta* var. *menghaiensis*）。此类植物现已普遍栽培。其果实以前也品尝过，感觉味道不好，现在才知道那是因为没有完全成熟。此时熟透了，看着非常漂亮，红色果皮上有小白点（此科植物的共性），酸甜可口，但不宜多食。此果还有一种吃法：加白糖和油炸辣椒面当菜吃。绝对值得一尝。

左图 切开的夹竹桃科毛车藤蓇葖果

右图 胡颓子科勐海胡颓子的果实

下图 大戟科橡胶树的种子

逛早市收获不小，心情极佳。

继续北行，五分钟后，在勐往乡北部出口处的橡胶树林边就看到野生的白花洋紫荆，有花十几朵。到了山上，向远处望去，越来越多，有时甚至整个山坡都被它染成了白色。起初

不以为意，可是行车途中美丽的花朵不断跃入眼帘，也时常停车观看，渐渐被感动。高达20米的大树，满是白花，令人震撼。不过，开花的数量并不与树的大小成正比，有时小树花反而更多，有的大树只开少量花，甚至有的一半枝上有花另一半枝上完全无花。贴近观察，花萼长2～3厘米，全缘，绿色，佛焰苞状，一侧深裂。花左

右对称，花瓣5，菱形。中间一花瓣特殊，自基部向外渐变成紫红色，但边缘仍然为乳白色；4枚侧瓣都是乳白色。雄蕊和雌蕊花时近等长，均向上弯曲。在植物园或城市行道树中也能见到类似的种类，但野地里的明显更可爱、美丽。数量大、可食又可观的野生植物，简直是上天的恩赐。2月底3月初正好是其盛花期，在随后的几天里，在勐往的大白坡、西定的贺松、勐宋的曼吕不断遇上这种好看的植物。根据数量和美丽程度，此花可作为此行的代表物种置于章首。不过，在勐海的主要道路上似乎没有见到把它用作行道树的，至少不多。也许在当地人看来，这种植物太多太一般。

行道树只宜用本土种，几年前我就设想了一个原则：禁止使用外来种作行道树。如果这条原则能落实，会产生一系列有益的影响。

步行于橡胶树林，在地表看到大量种子，刚刚从蒴果中爆裂出来。种子上的花纹跟蓖麻籽相似，只是更大些。它们同科不同属。顺便一提，蓖麻在东北、华北长成草，在云南南部却长成灌木。林下生物多样性很低。

豆科苏木

勐往北部是勐海的北部边界，但无明显的道路通向北部的普洱市。沿土路向县边界地带行进，希望尽可能遍历勐海的土地。一路上山，在此旱季，被扰动起来的黄土有时达15厘米高，车子驶过，烟尘滚滚。过曼老、芭蕉寨，向龙塘河、老半坡、荒坝河村方向行驶。见几株苏木（*Biancaea sappan*），荚果扁平，上角弯曲有硬喙。一大串接近成熟的木质荚果密集聚在枝顶，成为非常漂亮的艺术品。采了一枝，回来后赠给北京大学附属中学。橡胶树顶黄猄蚁窝特别多，用长焦头拍摄了若干张。十点半，爬到一棵橡胶树上拍摄并采摘结了大量豆荚的白扁豆，花白色或淡黄色，豆荚绿色，藤长 5 米以上。种子黄褐色，种脐白色线形，长约占种子周长的五分之二。这个外来种已经适应这里的野地，花多，结荚率也很高。此植物学名曾写作 *Dolichos lablab*，通常与其他植物一起被归并为 *Lablab purpureus*。成熟的种子黄绿色，用来装饰多肉植物花盆不错。

继续向北上山非常困难，对面开来大货车，会车很难找到地方，即使找到稍宽一点的路段，也比较危险。决定下山执行今日的另一个任务：向东，一直到澜沧江边。在勐往北部的三岔口，向东沿勐往河的河谷下行，同一条道路既是乡道也是省道，竟有三套标号系统。计划到澜沧江边后右转（南转），在江的西岸向东南方向到路尽头的灰塘村，下到江边野谷塘码头，返回。

东行几千米，先被河边一种红棕色果实吸引，细看是大戟科粗糠柴（*Mallotus philippensis*）。果实密被红棕色颗粒状腺体和粉末状

左图 豆科白扁豆的叶和种子，花为白色。

右图 大戟科粗糠柴的果实

毛，蒴果较大，直径10毫米以上，有3个分果片。从果实大小看应当算孟连野桐（*M. philippensis* var. *menglianensis*），但FOC未算这个变种。

在一小村庄的小桥边见豆科密花葛（*Pueraria alopecuroides*）爬于橡胶树上，至少有50株。总状花序长达25厘米，数个排成圆锥花序；旗瓣和翼瓣白色，龙骨瓣紫色，根据花的颜色可区别于黄毛萼葛；荚果扁平，密被锈色长粗毛，荚果皮干后坚硬、质脆；种子间具缢缩，每粒在荚果上以60度角相互分开，种子长椭圆形，亮褐色。荚果外面的粗毛相当厉害，用手触摸后极不舒服，如果不小心碰到手背，一会儿就可能红肿起来。采收种子时不宜用手直接剥开豆荚，最好放在地上用脚使劲踹开。但是我在用脚踹时，激起的黄褐色粗毛落到了鞋面上，不久就"渗透"到鞋里面，颇为难受，只好脱下反复摔打。看来，密花葛不情愿付出种子。

在雨季被冲毁的路段，已部分清理，在此旱季通行无碍。下午13：26在桑科鸡嗉子榕方面有了新收获，经过数月的寻找，终于看到它的榕果。它的果枝从树干下部发出，长约1.2米，无叶，果枝下垂至根部或穿入土中。这种长果方式非常独特。榕果球形，直径1～2厘米，有侧生苞片、基生苞片。鸡嗉子榕在勐海很常见，但是我检查过近百株，只有这一株结了榕果，竟然还是一株小树。顺便一提，勐仑植物园中数株树挂着鸡嗉子榕标牌，其实都不是。

勐往河不算大，河谷也不险峻，但谷中生有许多很特别的大树。除了昨天在南果河的河谷中大量出现的八宝树，

还有如下几种值得录出。

勐往向东4千米左右有许多楝科麻楝（*Chukrasia tabularis*），旧叶已落尽，正在发出红色的新芽。偶数羽状复叶，树上挂有上一年的蒴果，有的已裂开，露出骨质的内果皮。

麻楝东侧，下游河两岸还有4株更高的树，1大3小，远远望过去枝头也垂着与麻楝果实差不多大小的果子，但树的枝形不同。树

高20米以上，肉眼看不清果实，用500毫米"大炮"拉近看一阵，仍然看不清。可以确认两点：叶巨大，通过落在地表的大量或新或旧的叶子证实，叶基部心形；单叶对生，不是复叶，而楝科极少有单叶的。这就有矛盾了！它们到底是什么？觉得有必要找到落地的果实进一步观察。恰好此

处有两根接近腐朽的竹子搭成的一座小桥，边上有铁链扶手。小心踏竹桥过河到北岸，在对岸重新拍摄树叶。想寻找果实，却一个也没有找到。落叶甚多，薄革质，两面无毛，叶柄长3厘米，叶片长22厘米，宽10厘米（这显然比麻楝叶大许多）。到地势稍高处打量了一番，河坝下一小块河滩正好处在大树底下，猜测河滩上一定有落下的果实。返回南岸，爬着穿过悬钩子属、山蚂蝗属、葛属、使君子科植物以及柘藤组成的密实树丛，接近树根，终于来到开阔的河滩。在卵石中找到5个果实。蒴果近球形，3室，表面有褐色疣点（具有楝科植物的许多共性），顶端有小尖，种子膜质具翅。几乎可以肯定果实是楝科的，而且基本上可以确认就是麻楝的。但是与树上的叶无法匹配。有两种可能性：1.遇到了单叶的某麻楝；2.张冠李戴，果实压根儿不是从这几株大树上掉下来的，而是上游麻楝的，被风或水送到了这块河滩。凭经验，虽然心里清楚第一种可能性极

茜草科团花的枝干

小，但两种可能性还是都检查了。查阅一些资料，彻底否定第一种可能性。最后确认这几株大树是茜草科的团花（*Neolamarckia cadamba*），地上的果实不是它们的！在电脑屏幕上逐张放大拍摄的多张照片，看清果实的表面，也证实前后两类树上的果实完全不同，虽然大小相似并且都垂挂在枝头。其实，团花我在不同场合见过多次，对叶和分枝都有点印象，只是在此季节交替、旧叶基本落尽时，又恰好赶上与麻楝接近生长，才被搅糊涂了。教训是：不能想当然，树下拾到的果实、叶子未必就是上面掉下来的。不过，经过此番折腾，对楝科各属有了进　步了解。

接近澜沧江时，河谷不断出现一种重要的植物：使君子科榆绿木（*Anogeissus acuminata*），高达30米，非常壮观。此属全球约10种；中国

仅一种，分布范围较窄，属于易危种。树上经常有黄猄蚁的窝。榆绿木其貌不扬，枝细弱，下垂，如果不在花期，很容易被忽略。树高大，好不容易采到标本。近距离观察，叶互生，叶片相对较小，狭披针形至卵状披针形，全缘。花序较有特点：腋生或顶生头状花序，整体呈黄色。萼管外面被黄色柔毛，顶部具5枚三角形齿；无花瓣，雄蕊10，着生于萼管上。今天在勐往河谷中一共见到约50株大树。回想一下，昨天在纳板河和南果河的河谷也见到几株。这种植物应当得到重视，可尝试用于行道树。

最后看到两种大树：楝科川楝（*Melia toosendan*，据《中国植物志》而不是FOC）和锦葵科（原梧桐科）家麻树（*Sterculia pexa*）。前者正在开花，树上还剩有部分果实，果实巨大，不同于楝。后者高约20米，只剩下个别树叶，掌状，小叶7～9片。果实挂满了枝

左页图 使君子科榆绿木与黄猄蚁的窝

左图 使君子科榆绿木下垂的枝

右图 使君子科榆绿木的花序标本，放大图。

头，但肉眼看不清细节。用长焦镜头拍摄下来观察，蓇葖果红褐色，略弯曲，外面密被短茸毛和刚毛。

为何在干热河谷会见到一些特别的大树？猜测附近原来各处都有大树，有人类活动后情况改变了。原生植物受到多次人为扰动，20世纪60年代知青下乡种植橡胶，砍了许多树。八九十年代当地人又再次栽种橡胶，接着又扩大茶园，山坡大树许多被清除。河谷地形复杂，坡陡，时常受洪水影响，地表不方便被人利用，就令一些大树幸存下来。楝科麻楝、使君子科榆绿木、千屈菜科八宝树、锦葵科家麻树等应当是原来森林中的重要树种。

14：22到达灰塘村野谷塘小组，过灰塘桥。当地正在收割香蕉，许多地方堆满了刚砍下来、还未熟透的巨大果序。路边甚至搭起了专用的架子，便于香蕉装车。在小河边阴坡见凤尾蕨科蜈蚣草（*Pteris vittata*），叶近革质，一回羽状；小叶片近似对生，基部有耳，叶脉平行。叶幼时密被鳞片。蜈蚣草分布于云南各地。灰塘村中植有山龙眼科澳洲坚果，正在开花。15：28下到澜沧江边的野谷塘渡口，除船上一小伙外，只有我一人。

左上图 凤尾蕨科蜈蚣草。

左下图 番荔枝科牛心番荔枝，原产于热带美洲。

右图 天南星科毛过山龙

右页图 豆科白花洋紫荆大树，这种树颇多，把山坡染成了白色。

返回时在花腰傣村见到番荔枝科牛心番荔枝（*Annona reticulata*），原产于热带美洲的一种著名水果。一株小树，果实却不少。

过勐往，向西南方向奔勐阿。这一带野象活动频繁。沿上坡路观察白花洋紫荆，在道路垭口处河谷北岸拍摄天南星科毛过山龙（*Rhaphidophora hookeri*），叶纸质，长圆形，长25～40厘米；叶柄较长，叶全缘。路边有一株高大的樟科普文楠，胸径30厘米以上，正发出淡红色的嫩叶。

接近18时，太阳还很高，在一条小岔道口看到两株壳斗科棱刺锥（*Castanopsis clarkei*），《云南植物志》称弯刺栲。满树是花。苞片针刺稍弯曲，三棱形。叶长圆形，基部宽楔形，偏斜；叶边缘具疏锯齿，叶下面被紧贴细柔毛，侧脉16对左右；花序长20厘米以

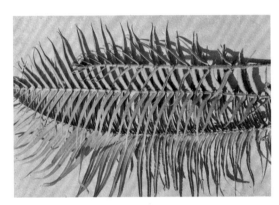

上；总苞中种子1枚。顺便观看大叶斑鸠菊和类芦。

接近19时到达勐阿，两天来均没有碰到野象，提着的心放下了。住到了勐阿镇中心十字路口的博识达商务酒店513室。到对面超市买火龙果4只，昨天购买的一箱水还剩下一多半。我离开一个月多一点，野象"维吒哟"就来勐阿镇上了！

左上图 樟科普文楠

左下图 壳斗科棱刺锥

右下图 壳斗科棱刺锥的花序和嫩叶

右页图 壳斗科棱刺锥的叶、总苞和花序。总苞略有弯曲。

5.3 勐阿管护站的单耳密花豆与弄养水库的歧序安息香

3月1日早晨逛勐阿早市，不如上次热闹。上次恰逢大集，今天只是普通集市。向西沿山下小路 Y009，按曼倒、曼短、曼松、曼迈、帕迫顺序向南行进。勐海知青回忆录中多篇文章讲到当年发生于这一带的事情。时间之神好像把空间胡乱涂抹过，坝子、云雾、山岭、佛寺还在，竹楼已换成二层的青瓦混凝土楼。此时，一座较大的佛寺正处于外墙"贴面板"的阶段，我进入工地与师傅闲聊了一会儿。

在重访曼稿弄养水库茶园中的大树之前，还要在曼打贺北部 Y002 与 K09 交叉的勐翁路口停一下。我对这一带有特殊感情，已经观察过许多次了。在这里首先看到了苏铁蕨、坚核桂樱、野生的火镰菜、大果油麻藤、某种栎，附近还有勐海天麻。如果将来建立一个有特色的"勐海本土植物园"的话，这里绝对是一个理想的园址。第一，交通极为方便，距勐海镇仅 12 千米。处在广景檬、大新寨、曼滚、曼打贺所围成的区域内，大约 6 平方千米。第二，森林保存完好，具有相当丰富的生物多样性。第三，小区域内地貌高差变化不大，但有一定起伏，水源充足。地处纳懂河、南果河的最上游；基本上位于流沙河流域与南果河流域分水岭稍靠北一侧。第四，西临国家级自然保护区，但此地目前不属于保护区，开辟成植物园审批方便。在这里规划建设一个以保护和展示勐海本地特色植物为主的植物园，对于公民科学文化素养提升、勐海县长远发展、生态文明建设极有好处。这里平均海拔较高，具有景洪、勐仑一带低海拔植物园不具有的优势，勐海县的本土植物在此可以生长得更好，如果能有计划地收集 300 个本土特色种，在全国就会有一定的地位，对于植物研究、植物教学和自然教育都极有帮助，也能带动当地经济发展。当然，园址也可选在苏湖或曼瓦瀑布及其后山一带，好处是海拔更高，缺点是交通不如这里方便。

今天到此，一是随便瞧瞧，属于故地重游；二是检查大果油麻藤是否开花了；三是看坚核桂樱果实是否成熟了，我要拾一些以观察果核表面的花纹；第四是寻找此处密花豆大藤子的花序，如果资料全，可以确定它是哪个种。它与苏湖山顶上、纳板河流域所见的藤子一样吗？林中小路我早已十分熟悉，停下车，直奔相关地点，在浓重的杜梨花香中步入树林，一分钟到达坚核桂樱大树下。又用一分钟拾果实；用两分钟观察大果油麻藤的花序。只开了几朵，大部分没有开。接下来就轮到确认密花豆属植物了。原来还想着如何爬到藤子顶部，观察花序。恰好此时有一株大树不知为何倒在地上，树上的藤子也随之倒下，但藤子依然活着，上面还有花序！这也免除了爬树的麻烦。即使爬上去也未必找得到花，我真是幸运。此密花豆叶较小，圆锥状花序极为明显，花白色。坦率说，不够美观。林中光线不好，无法就地对花进行解剖，采了花序标本。补记：回北京后，3月17日的早晨，找出此标本。先从花序结构猜测是单耳

豆科单耳密花豆，2019年3月1日于勐阿管护站。

蜜花豆。从花序中折取一小段子序，热水泡开。花太小，老眼昏花，又没有显微镜，操作起来很费劲。共解剖三朵花，结构完全一致：旗瓣近圆形，先端微凹；翼瓣和龙骨瓣菜刀状，一侧平直，另一侧有钝长耳垂。证实是单耳种，即单耳密花豆（*Spatholobus uniauritus*），花的颜色与植物志所述的紫色不同，关键还得看翼瓣和龙骨瓣上耳垂的结构。

10分钟后离开"植物园"，肚子已饿，向南在曼打傣右拐，向西沿Y001直奔曼稿的弄养水库。在坝南傣族岩先生家吃饭。地上有几粒坚核桂樱的果核，我随口说了ma-man-tun，岩先生确认傣语就这样叫。

来的时机正好，无患子科韶子、楝科川楝正在开花。川楝与楝果实大小差别巨大，不宜合并。进入茶园，用一定时间核实去年9月初见到的银叶锥、川滇木莲、盆架树。这里的盆架树过于高大，叶甚小，以至于不敢相信它是我们熟悉的那种盆架树。不过，多方对比、咨询以及到勐仑植物园核实，确认是同一种树。

今天时间充裕，想怎么看就怎么看。这里好东西实在多，现列出几种。1. 蔷薇科坚核桂樱。位于茶园中间道路上。这株有些特别，一枝果序上长的果多达15个，其他地方的一枝果序只剩1～3个果。一般情况下，此种植物果序上大部分果子在成熟前被淘汰。此树根部已经露出地表，成为一株孤树，能保留多久还是个问题。果实分批成熟，4月时再来，还有部分未完全成熟。2. 坚核桂樱北侧有一株安息香科歧序安息香（*Bruinsmia polysperma*，据FOC），胸径接近1米，高约20米。后来在此茶园又找到几株，均为大树；2019年4月11日见到花序，花未开放。叶片椭圆形、长圆形，通常呈V

左上图 无患子科韶子的花序

左下图 无患子科韶子的叶，2019年3月1日。

右图 无患子科韶子，被风吹落的幼果。2019年4月11日。

型，边缘有锯齿；侧脉6～8对，在叶下面凸起；圆锥花序顶生于具叶的分枝上，花萼绿色，5裂，花冠白色。事后推断，在滑竹梁子及南咪细宰水库，也多次见过此种的小树。这种植物比较奇怪，《云南植物志》和《中国植物志》均没有收录此属此种。原以为是紫草科的厚壳树，经李剑武先生指点，并传来开放的花和果实照片，才确认是歧序安息香。3.樟科思茅黄肉楠，在茶园平缓的顶部，仅一株。新叶刚长出不久，修长下垂，十分美丽。4.橄榄科橄榄（*Canarium album*），树高大，分出5个挺拔向上的主枝。5.杨梅科毛杨梅雌株，结有大量果实，但都未成熟。6.漆树科南酸枣，正在开花。果实多见，赶上开花却不容易。雄花和假两性花排成聚伞圆锥花序，直接长在小枝上叶腋，几乎无总花序梗；花紫红色；花萼外卷；雄蕊10，黄色。雌花单生。7.桦木科短尾鹅耳枥（*Carpinus*

左上图 楝科川楝，于曼稿弄养水库。

右上图 夹竹桃科盆架树大树

右下图 夹竹桃科盆架树标本。树龄越大，叶变得越小。2019年3月1日采集标本，3月18日拍摄。

左上图 安息香科歧序安息香，2019年4月11日。

右上图 安息香科歧序安息香，2019年4月11日采集。

左中图 漆树科南酸枣的雄花和假两性花，2019年3月1日。

左下图 橄榄科橄榄，2019年3月1日。

右下图 杨梅科毛杨梅，雌株。2019年3月1日。

右页图 安息香科歧序安息香，花序近摄图。

londoniana）。果苞中裂片内侧全缘，外侧有锯齿，靠近基部处齿较大。8. 山茶科西南木荷。有大树和高仅 80 厘米的小树，新叶红色。9. 蔷薇科齿叶枇杷（*Eriobotrya serrata*），叶革质，长 160 毫米，宽 60 毫米，基部渐狭。此时果实已 4～5 毫米长，具宿存萼片。

补记：2019 年 4 月 11 日再次来到弄养水库这片茶园，发现了肉豆蔻科红光树（*Knema furfuracea*）：分枝下垂，幼枝密被锈色柔毛；叶近革质，长圆状披针形，长达 41 厘米，宽 9 厘米，叶基部圆形或心形；叶上面光亮，下面密被锈色绒毛；侧脉甚多，达 34 对，叶第三次小脉平行、两面隆起；叶柄长 2.5 厘米，有槽。在茶园坡顶，还看到天门冬科（原广义百合科）滇黄精（*Polygonatum kingianum*），叶 5～7 枚轮生，条形，先端卷曲，叶近无柄；花序轮生叶腋；花被颜色多样。

坚核桂樱、歧序安息香、思茅黄肉楠、红光树都是优秀本土树种，都可作行道树，也宜栽在城市花园中。

左页图 蔷薇科齿叶枇杷标本，2019 年 3 月 1 日采集于弄养水库。

左上图 肉豆蔻科红光树，2019 年 4 月 11 日。

右上图 肉豆蔻科红光树。有螳螂卵块。

左下图 天门冬科滇黄精

肉豆蔻科红光树的叶

5.4 勐遮曼洪向北：蛇根叶和琴叶小堇棕

2019 年 3 月 2 日，早晨阳光很足，9 点多勐遮镇曼洪村的妇女已在稻田间插秧，虽未吊线，秧苗却插得极其整齐。站在田埂上观察，6 位妇女随手插出的秧苗完全处在一条直线上！机器栽种也未必如此整齐。

今日重访曼洪村曼瓦瀑布，是要核查上次见到的几种植物，主要涉及樟科大树厚叶琼楠、省沽油科大果山香圆和桑科毛柘藤。顺便观察思茅黄肉楠；在树叶中收集了大果山香圆的种子，补拍叶；补拍多花铁线莲。又依次观察如下种类。

在瀑布边见葡萄科火筒树，直立灌木，花序疏散，果实扁球形，高约 10 毫米。《云南植物志》及《中国植物志》的数据是错误的。

小心地爬上杨柳科（原大风子科）毛叶刺篱木（*Flacourtia mollis*，据 FOC）树上观察其叶子，还是被刺扎了几下，所幸扎得不深。《云

左图 葡萄科火筒树，果实和叶的下面。2019 年 3 月 2 日于曼瓦瀑布。

右图 杨柳科（原大风子科）毛叶刺篱木的嫩叶。

南植物志》称山箣子（*F. Montana*）。树干和分枝具刺。幼叶红色，基出脉3～5条，侧脉5～7对。据记载，果实可食。附近有一种刚长出微红、很薄的嫩叶，长而下垂，随微风飘动，可能是青钟麻科（原大风子科）大叶龙角（*Hydnocarpus annamensis*）。山柑科小绿刺（*Capparis urophylla*）只见小苗，高约1米。小枝有小刺，叶基部圆形或急尖，顶端渐狭延成长尾。侧脉5对，在抵达叶边缘三分之二处互相联络。就叶脉而论，整体上有点像缩小的菩提树的叶。大树上攀爬了许多夹竹桃科小花藤（*Ichnocarpus polyanthus*，据FOC），《云南植物志》和《中国植物志》称毛果小花藤（*Microchites lachnocarpa*）。攀缘灌木，长十余米，新生枝一般水平伸出。叶对生，纸质，基部楔形，不同算法得出的侧脉数可能差出一倍，有的文献说30对，有的说10～15对，这里所见数下来26对左右。还有一种可能：FOC的修订不合理。接近溪水边，有夹竹桃科

左页图 勐遮镇曼洪村稻田插秧场面，2019年3月2日。

左图 樟科楠属植物。2019年4月12日。

右图 毛茛科铁线莲属植物，采集于2019年4月12日。

419

左上图 山柑科小绿刺，
2019 年 3 月 2 日。

右上图 夹竹桃科小花
藤（据 FOC），叶的
上面。

下图 夹竹桃科小花藤
（据 FOC），《云南植物
志》和《中国植物志》
称毛果小花藤。

右页图 山柑科小绿刺，
2019 年 4 月 12 日。

思茅藤（*Epigynum auritum*），攀缘灌木，幼枝、叶两面均被黄色长柔毛，幼枝断口有乳汁。叶对生，纸质，椭圆形，先端短尖至尾尖，基部浅心形；侧脉 10～13 对，中脉在叶上面凹陷，在叶下面凸起。外表有点像忍冬科锈毛忍冬，但只要用手捎一下，就可排除它。思茅藤属全球约 14 种，我国仅产此一种。

溪水边透光处有菊科千头艾纳香（*Blumea lanceolaria*），总苞片 5～6 层，紫红色，花冠黄色。昨天上午在勐阿镇曼迈村帕迫方向的一条小山沟中见到同属的节节红（*B. fistulosa*），高仅 45 厘米，头状花序无柄，2～4 个球状簇生，再排列成穗状圆锥花序，总苞约 5 层，紫红色，被毛。

左页图 夹竹桃科思茅藤，叶的下面。

右上图 夹竹桃科思茅藤

左下图 菊科千头艾纳香，2019 年 3 月 2 日于曼洪村曼瓦瀑布。

右下图 菊科艾纳香属节节红，2019 年 3 月 1 日于勐阿镇曼迈村西北。

在小溪边意外发现锦葵科西蜀苹婆（*Sterculia lanceaefolia*），叶柄长2～4厘米，两端均膨大；叶顶端钝状渐尖，基部圆形；叶长22厘米，宽6～9厘米；侧脉每侧7～10条；总状花序腋生，花红色；萼钟形，5深裂，呈灯笼骨状，无花瓣。它为灌木或乔木，在曼瓦瀑布见到的这株只有50厘米高，花序却有十几串。

中午，在曼瓦瀑布农家吃完饭，索要了一小块"明子"，向东经曼洪村，再向北盘旋上山。接近垭口时拍摄一株漂亮的、花序巨大的大叶斑鸠菊（*Vernonia volkameriifolia*）。头状花序组成大复圆锥花序；总苞片约5层，覆瓦状，上端紫色；花淡红色或淡红紫色，花冠管状；解剖后，每苞中通常包括花9～10朵。它是一种重要药材，可治风湿性关节炎、尿路结石。在勐海极常见，3月初开花，容易辨识。此季节，它最出风头。

翻过山梁，在山后一条沟谷南侧（地图上位于帮哈新寨之北、南咪细宰水库之南）沿一条隐约可见的小径进入林中，见一位养蜂人正在为野蜂安放简易蜂巢，在不足80米长的地方已经至少安放了15个。蜂巢一般用一截圆木凿成，通常置于树下高约20厘米的人工木架上，为防雨上面覆盖塑料布，再压上几块石头或木棍。询问蜂农得知，一年可采收一到两次，每巢可收获5到10千克野蜂蜜。工作并不十分劳累，有蜜吃有钱赚，每天呼吸着无污染的空气，这难道不是你我向往的普通生活？只要生态好，这种人蜂共生关系就可持续。小径上有茜草科猪肚木、爵床科蛇根叶（*Ophiorrhiziphyllon*

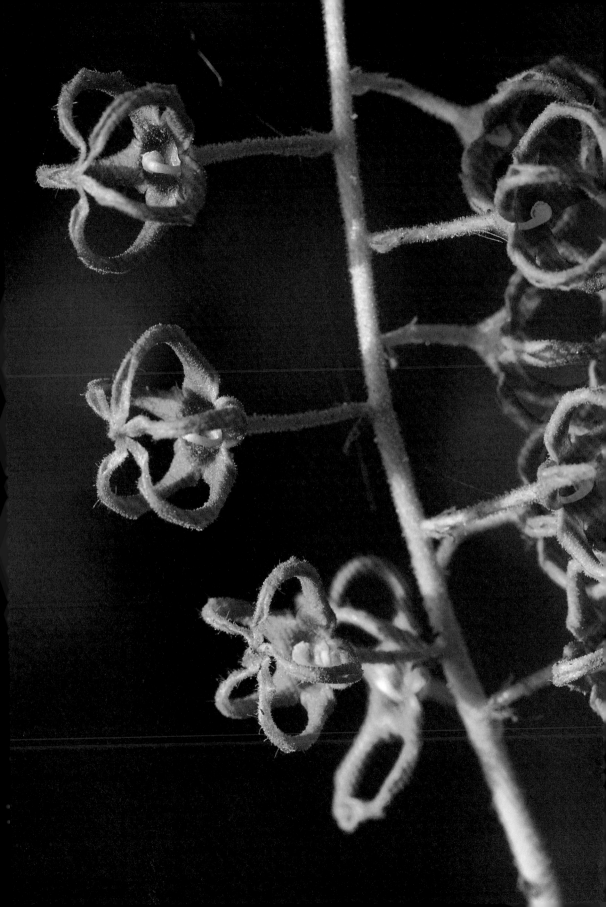

macrobotryum）、荨麻科楼梯草属小草。猪肚木在苏湖那里见过。蛇根叶属我国仅此一种，产于云南南部，半灌木，高 1 米左右；叶长卵形，全缘，基部楔形，上面绿色，下面苍白色；花序总状顶生；花萼 5 裂，裂片狭三角形，紫褐色；花冠黄白色，2 唇形；花柱与能育 2 雄蕊近等长，长约为花筒的 2 倍。此楼梯草属植物未见花序，很难鉴定，据叶形判断可能是盘托楼梯草。此属云南有约 70 个种。

　　沟谷背阴坡有一片琴叶小堇棕（*Wallichia caryotoides*），初看像某种鱼尾葵。植株高度均在 1.5 米左右，根据一回奇数羽状复叶，可判定不是鱼尾葵属，而是小堇棕属（*Wallichia*）的。属名来自著名丹麦裔印度植物学家瓦理西（Nathaniel W. Wallich，1786—1854）。以前这个属中文名曾叫瓦理棕属或瓦理椰属，就如山龙眼科以博物学家班克斯命名的 *Banksia* 属被叫作班克木属一样不合适，因为中文的译法粗鲁地斩断了人名。相应地，此种称琴叶瓦理棕也没道理。

琴叶小菫棕此时无花，但其叶特征明显，不妨碍鉴定：叶鞘被鳞秕，边缘分解为强劲的网状纤维；叶柄和叶轴粗壮，褐色；羽片互生，上面绿色，下面白色；基部楔形，两边不对称；边缘经常具不规则的深裂片，且有啮蚀状齿；中脉强壮，在叶下面凸出。这种优美的植物，可用于园林绿化。

沿沟谷向西行进，见桫椤科大叶黑桫椤（*Gymnosphaera gigantea*）。叶轴下部栗黑色，密生开展的大鳞片；小羽片半裂，长圆状披针形，裂片近三角形，有浅钝锯齿，叶脉在下面明显；孢子囊群在小裂片侧脉中部着生。林中树荫处有葫芦科缅甸绞股蓝（*Gynostemma burmanicum*），草质藤本，3 小叶；中间小叶基部阔楔形，整体近菱形；侧生小叶基部圆形，主脉两侧不对称，侧脉7～9 对；小叶下面特别是叶脉处被白色柔毛，叶缘每侧有9～11 个锯齿。

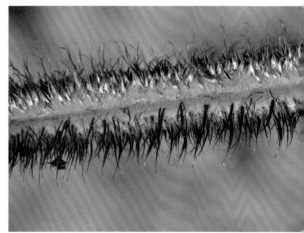

左页图 棕榈科琴叶小菫棕，叶的上面。于曼洪村北部山后。

上图 桫椤科大叶黑桫椤，叶的下面，孢子囊群着生于叶脉的中部。

中图 大叶黑桫椤，嫩叶柄上面。

下图 葫芦科缅甸绞股蓝，叶的下面。

左上图 曼洪山后的南咪细宰水库

右上图 壳斗科麻栎大树，正在开花。

下图 壳斗科麻栎的叶，边缘有芒刺状锯齿。

右页图 壳斗科麻栎的老叶、壳斗和坚果。

继续向北，转弯下山，突然看到漂亮的南咪细宰水库，水体很大，东西向狭长。水边桃花刚开，降香黄檀长出红色新叶。回到马路上继续前行，路边专门留下一株壳斗科麻栎（*Quercus acutissima*）老树：叶长椭圆状披针形，基部宽楔形至圆形，边缘有芒刺状锯齿；侧脉 15～19 对。到达勐满乡帕迫村下纳包小组的山顶，本想钻林子深处观察，无奈天色已晚，19 时开始返回。

补记：2019 年 6 月 7 日从勐海镇向西，经勐遮的曼洪翻山，由帕迫上山继续向西北方向行进，一直到勐满乡。沿途先后观察了桑科野波罗蜜（*Artocarpus lakoocha*），果实趋于成熟；紫葳科羽叶楸（*Stereospermum colais*）；漆树科藤漆（*Pegia nitida*），果实未充分成熟，不能食用。

左图 紫葳科羽叶楸

右图 漆树科藤漆

5.5 四访西定贺松：钟花樱桃和云南黄杞

3月3日早晨过勐遮镇曼宰龙佛寺向西南，然后上山，路边玄参科（原马钱科）白背枫（*Buddleja asiatica*，据FOC）花序甚多，花期接近结束。叶对生；花序腋生，头部下垂，只有末端不足十分之一的一小段还在开花。《云南植物志》称它七里香。上午在路边还见到大序醉鱼草，也有少量密蒙花。

走进南侧树林，用长焦头观察一种崖豆藤属（*Millettia*）植物的花。花淡紫色，信息不足无法鉴定到种。返回时在茶园看到一株藤黄科大叶藤黄（*Garcinia xanthochymus*），也称歪脖子果，原因是果偏斜，重心不在果柄与宿存柱头之间连线的主轴上。不过，树不算大，此时无花无果。我在夏威夷倒是尝过其果实，极酸！

在快到西定与巴达分岔口，看到上坡路北侧有一株杜鹃花科云上杜鹃（*Rhododendron pachypodum*）满树白花，树高4米左右。云

玄参科白背枫，2019年3月3日。

南省杜鹃花属植物甚多，《云南植物志》说有 227 种，主要集中在北部，勐海这里比较少。

左上图 玄参科大序醉鱼草

右上图 藤黄科大叶藤黄

下图 杜鹃花科云上杜鹃

接着，在里程碑 21 千米处行驶在颠簸的石块路上。到勐海茶厂巴达基地入口之前，复查了以前见过的毛杨梅和茶梨。毛杨梅果实比想象中的小，估计今年我是品尝不到其成熟的果实了。

过路口继续朝贺松方向行进。芸香科三桠苦长出花序，但还未开花。梨花正盛放，香气扑鼻，但只有花没有果，无法鉴定到种。蔷薇科多依和云南多依此时才进入盛花期。它漫长的花期曾令我误以为今年是小年，花少果少。原来 1 月份第一批花确实开得少，3 月这

左上图 杨梅科毛杨梅

右上图 五列木科茶梨

左下图 茶梨的叶、果和毛杨梅的果枝。

右下图 蔷薇科云南多依

右页图 远志科球冠远志。蒴果近球形，直径12毫米，顶端具短尖头。

一批则较多。因为同一株上开花时间不同，果实大小和成熟期也不同。进树丛中拍摄远志科球冠远志（*Polygala globulifera*）悬垂的果实时，看到一种在蓝天下极为耀眼的红色长叶子的藤子，拉下来仔细看，竟然是买麻藤属植物。

有趣的是，2019年1月11日来此地看到大量樱花，已结出比较大的红果，但现在又出现一种樱属植物开着鲜红的花朵。核实了多种特征，确认是钟花樱桃（*Cerasus campanulata*）。《云南植物志》记述，在云南只分布于双柏。在草地上铺上黑布，当场解剖几朵花观察。萼筒长钟状，无毛，基部稍膨大；萼片深红色，长圆形到三角形，反折；花瓣粉红色，倒卵形，先端凹陷；雄蕊41枚；花柱远

左上图 买麻藤科买麻藤属植物的嫩叶

右上图 买麻藤属植物的嫩叶

中图 蔷薇科钟花樱桃

下图 高盆樱桃，此时果实已变红。2019年3月3日。

钟花樱桃

长于雄蕊。顺便解剖了大叶斑鸠菊。

　　今天看到的最漂亮的植物还不是钟花樱桃，而是胡桃科的云南黄杞。偶数羽状复叶，薄革质，小叶4～7对，侧脉12～15对。果序比较长，达40厘米，下垂；每序上果实达百枚，果球形。果实下部与宿存苞片贴生，苞片基部密被白色刚毛，裂片三指状，中间裂片较大。此植物最特别的地方是果实上的膜

质宿存苞片，它相当于果实的翅，果实掉落时会因它而旋转。同一株树上，一半结果一半不结果。

下午1：30进入距离贺松很近的草果谷，查看飞龙掌血、大果油麻藤、垂子买麻藤，核实勐海柯。勐海柯种加词*fohaiensis*字面意思是"佛海的"，佛海是勐海原来的名字。民国时期，勐海这块土地主要由三个部分组成：东部是佛海县，西部是南峤县，北边是宁江局。在地上的落叶中翻找果实时，意外发现粗穗蛇菰（*Balanophora dioica*），这是去年8月以后见到的第二种蛇菰，特点是花序短粗。

左上图 豆科大果油麻藤的叶和花序

左中图 勐海柯的壳斗

左下图 蛇菰科粗穗蛇菰

右下图 樟科钝叶桂的幼叶

右页图 壳斗科勐海柯的叶

钝叶桂刚长出新叶，即使是下垂的新叶，其先端也是棕红色的，显现出老叶的气象。在随后的生长中，叶的先端会微裂，好像受过伤。

在草果谷中，还确认了如下种类：林下生长的爵床科太平爵床（*Mackaya tapingensis*，据FOC），这个种是2009年确立的一个新组合；大树上附生的极常见的天南星科石柑子（*Pothos chinensis*）；小溪边生长的蓼科宽叶火炭母（*Persicaria chinensis* var. *ovalifolia*）；林缘生长的海桐科短萼海桐（*Pittosporum brevicalyx*）。后者为常绿灌木或乔木，叶基部楔形，上面发亮；蒴果未成熟时卵球形。

从贺松返回时，观察报春花科（原紫金牛科）艳花

左上图 天南星科石柑子

左中图 海桐科短萼海桐

右中图 蓼科宽叶火炭母

左下图 海桐科短萼海桐标本

右下图 爵床科太平爵床，2009年确立的一个新组合。

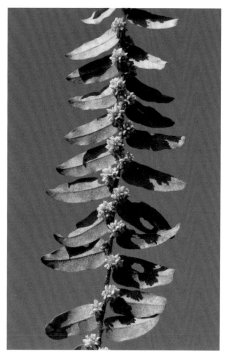

酸藤子（*Embelia pulchella*），前几天在曼滚佛寺东部也见过。它接近王启无先生 1936 年采集的标本，FOC 把它并到当归藤，似乎不合理。艳花酸藤子叶卵状三角形，全缘，基部近心形；叶上面中脉具短柔毛，叶下面中脉隆起，两面侧脉极不明显；花序非常短，贴近小枝着生。

5.6 曼吕和蚌岗环线：沟槽山矾、米团花和密蒙花

3 月 4 日计划逆时针方向绕行勐宋乡滑竹梁子大山，具体路线为：勐海镇、曼方、蚌龙村、南坡河（也写作南碰河）、仙人洞、曼吕村、那卡、蚌岗拉祜、蚌岗村、蚌岗管理站、曼短拉、勐宋乡、勐海镇。

勐宋乡蚌龙村路口有一株高大的木棉，树上和地表都是红花。北侧一家把落花收集起来晾晒在院子里的竹席上。询问主人得知，花可炒食，吃不了可喂猪。继续沿 Y063 向北上坡。

一株占地面积很大的豆科厚果崖豆藤（*Millettia pachycarpa*）斜卧于山坡上，老枝散生皮孔，新发叶红褐色，小叶片一律下垂。此植物的花和种子也很好看，不过只有住在勐海才能看全，花期4月，果成熟得到10月。

在南潘河老寨之前，见一丛勃氏甜龙竹（*Dendrocalamus brandisii*），竿高10～15米，直径10～11厘米，节间长34～40厘米；箨鞘早落，革质，箨片外翻，长18厘米，基部宽为箨鞘口部宽三分之一以上。

由村庄再上坡原路返回主路，继续向北行驶，山路变得平缓些。最吸引我的是一株山矾科沟槽山矾（*Symplocos sulcata*，据FOC），《云南植物志》称滇灰木（*S. yunnanensis*），树形、枝叶优美，可用于绿化。小枝顶部于春季密集3～4分枝，每分枝上再长出幼枝，具纵棱和沟槽；幼枝、叶柄、叶背面主脉、花序密被棕褐色长绒毛；叶片薄革质，上面光亮，长圆状椭圆形，实测长110～190毫米，宽

左图 豆科厚果崖豆藤，2019年3月4日。

右图 禾本科勃氏甜龙竹，《云南植物志》称甜龙竹。

右页图 山矾科沟槽山矾，《云南植物志》称滇灰木。

43～61毫米，叶柄长8～10毫米；叶先端具微弯的长渐尖，叶基部楔形，叶边缘具钝锯齿；叶中脉和侧脉在叶上面下凹、在叶下面凸起，网脉近平行；核果狭卵形，长8～10毫米，被长柔毛，花萼宿存；核坚硬，具1～12条纵棱。在山上根据此树果实着生方式一眼便认出科属，但究竟是哪个种回北京后对比了半小时才鉴定出来。不过，刘冰先生说，FOC将数种合并处理未必恰当，也许按《云南植物志》称滇灰木还是有道理的。具体怎么处理，是山矾科专家的事情，对于普通人来讲，重要的是在野外能够辨识到属，并看到它与其他种的差异。

突然见到生长颇为旺盛的爵床科鸭嘴花（*Justicia adhatoda*，据FOC），一种外来灌木，大概属于逸生。花不难看，但长在这里还是有些不协调。

在滑竹梁子大山西侧的山腰上，近似沿等高线向北行驶，见八角枫科和爵床科植物各一种。Y063这条乡道的确是观赏植物的好线路，沿途不断有新的物种进入视野。见唇形科米团花和同科的羽萼木（*Colebrookea oppositifolia*），两种植物均十分有个性，也都在盛花期。米团花属仅一种，香薷属则有40种左右。虽然上述两种植物很有特色，但米团花更值得记住。2019年1月10日登滑竹梁子时曾见过许多米团花小乔木。米团花别名蜜蜂树花、明堂花、白杖木、渍糖花、羊巴

左页图 山矾科沟槽山矾标本，2019年3月4日采集于勐宋乡。

上图 山矾科沟槽山矾的果

右图 爵床科鸭嘴花

巴。米团花属于唇形科，却是大灌木或小乔木，这本身就是一个不一般的特征。第二个重要特征是叶的下面灰白色，密被灰白色或淡黄色星状毛及卷毛。第三个特征是稠密的圆柱形穗状花序上面伸出了密密麻麻的花蕊，花序整体上像一支巨大的试管刷。米团花是重要的蜜源植物、中药材（基诺族用其治疗胃炎），也可以提取可食用的黄色色素。它是云南居民长期使用的一种天然食品染色剂。米团花色素是水溶性色素，对酸、热、光、氧化剂、食盐、食糖等稳定，但在碱性条件或有亚硫酸钠存在时不太稳定，可考虑把它作为柠檬黄的替代品用于医药和食品行业。（黄才欢等，2004）

菊科大叶斑鸠菊、桑科奶桑、姜科木姜子、杜英科大果杜英、桦木科尼泊尔桤木、豆科云实属某种、五加科罗伞（*Brassaiopsis glomerulata*，《云南植物志》称柏那参）、天南星科麒麟叶（*Epipremnum*

左页图 唇形科羽萼木

左图 唇形科米团花

右图 唇形科米团花的花序

pinnatum)、山茱萸科（原八角枫科）高山八角枫（*Alangium alpinum*）若干，不提。

在拉祜鹅香缘鹅养殖基地之前，见芸香科吴茱萸属（FOC 称四数花属）乔木华南吴萸（*Tetradium austrosinense*）。地表有干枯的果序和旧叶，树上有新发叶。此种特点是：树皮光滑，叶巨大粗壮（颇像胡桃楸之叶），长达 60 厘米。奇数羽状复叶，叶及小叶均对生，小叶长达 24 厘米；小叶通常 13～15 片，小叶侧脉达 29 对，叶下面叶脉凸出；叶轴、小叶柄及叶下面密被柔毛，叶上面无毛；叶全缘或边缘大波纹；蓇葖果，心皮 4，内果皮木质，淡黄色。2018 年 9 月 1 日在贺松里程碑 41 千米处第一次见到。

左上图 山茱萸科（原八角枫科）高山八角枫

左下图 芸香科华南吴萸的干叶和部分果序

右图 芸香科华南吴萸

在"曼吕大山"东侧，由南向北下坡通向仙人洞、南温的Y063路边，有许多盛开着圆锥聚伞花序的密蒙花，可作黄色食品染料；其花序竟然有点像木樨科红丁香。《云南植物志》收录的名称有：蒙花、米汤花、糯米花、染饭花、羊耳花、羊叶子、酒药花、假黄花、鸡骨头花、断肠草、羊耳朵。据陈红波等人的调查，云南保山各民族对它的称谓很不同。彝族：啊迟泽；傣族：满蚌毫冷；白族：面弯活；傈僳族：跟戛拉；苗族：莠戮；景颇族：革腊着灰；阿昌族：缅儿收；德昂族：模号楞；布朗族：考吊塞公。（陈红波等，2015）不过，在曼吕我现场请教正在采集此种花序的当地游客夫妇，两人说此植物叫Halasho，发音类似俄语的"好"（хорошо）！市场上也常出售与密蒙花同属的白背枫花序，成捆的花序甚至大部已开过花，仅剩下尖端一小段还在开。《云南植物志》称白背枫为七里香，打听了一下，它们用途一致。我特意提醒那对夫妇这类植物有

左上图 芸香科华南吴萸，果序。2018年10月1日于贺松。

左下图 芸香科华南吴萸的鲜叶和部分果序，2018年9月1日于贺松。

右图 玄参科密蒙花

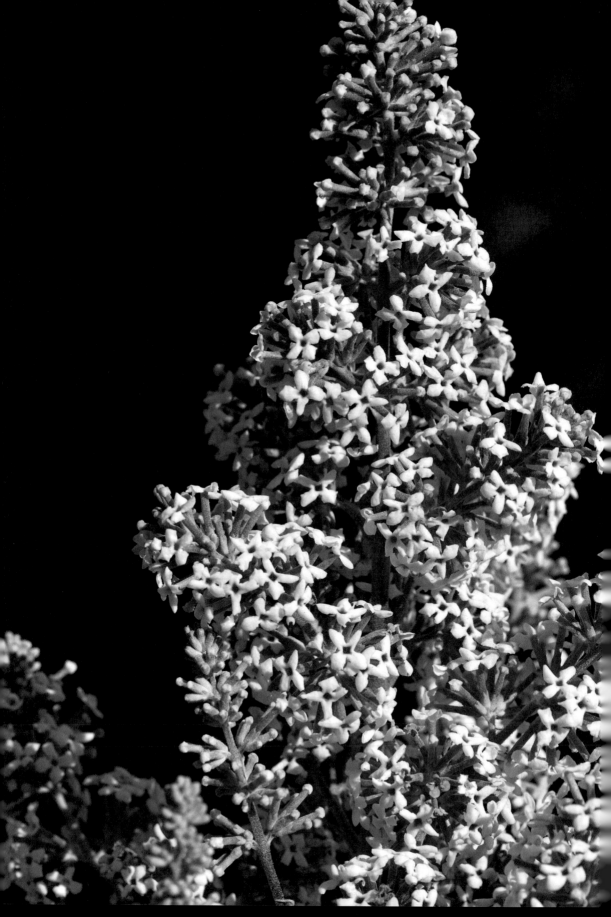

毒，对方回答："没问题，我们每年都用它煮米饭吃，特别香。"以前我没吃过这种米饭，不过此花的确香极了。4 月 13 日在勐海镇东的"八千米傣味烧烤店"，终于吃到了，确实不错。

从仙人洞到曼吕一段 Y063 基本上东西延伸，车子转过一道弯，远远看到像人工扎起的大花门立在路边，到近处才看清是硕大的鲜花长在树枝上，树叶没几片。此株上虽没找到豆荚，但从花序和叶子可以判断是神黄豆（*Cassia javanica* subsp. *agnes*）。花粉红色，花序紧凑，花序长不超越 10 厘米。荚果圆柱形，长 40～50 厘米，直径 2 厘米。在勐海的野外，仅在曼吕一带，从仙人洞到纳卡遇见的神黄豆，一共不过十株，多数情况下能在其树下找到豆荚。神黄豆是不是本土种，还可讨论。我的第一感觉，它不是本土种。恰好许本汉先生通过徐龙先生寄给我一份材料《刀安仁与植物引种》，表明它可能是同盟会会员、傣族中将刀安仁（1872—1913）从缅甸引种的。（许本汉，2009）不管怎么说，它的花还是非常漂亮的。它与已经广泛用作行道树的腊肠树（*C. fistula*）、节果决明（*C. nodosa*）、绒果决明（*C. bakeriana*）相似但不同，腊肠树的花为黄色，后两者的花序更长、更松散。

这个属的植物中，本土种铁刀木更应多多使用。路北一居民家的田边植有大果榕和桑椹，后者果实累累，接近成熟，我从未见过果实如此多的桑树。旋花科菟丝子（*Cuscuta chinensis*）密密麻麻地

左页图 唇形科密蒙花的花序

左图 豆科神黄豆的豆荚和种子

右图 旋花科菟丝子

缠绕着一棵多依。

　　接近曼吕村，下坡过程中遇见大戟科油桐（*Vernicia fordii*）小树，叶全缘，刚好开花。在树下的枯叶中翻拣，找到两粒去年的蒴果，已裂开。补记：勐海还分布着油桐属的另一个种木油桐（*V. montana*），它开花要迟些，2019年4月10日来到勐海大益庄园正好赶上盛花。区分油桐和木油桐主要看叶和果：油桐叶全缘，果无棱，而木油桐的叶全缘或2~5浅裂，果具三棱，果皮有皱纹。

左页图 豆科神黄豆

上图　大戟科油桐，2019年3月4日。

下图　大戟科木油桐，2019年4月10日。

本页图 勐宋曼吕村的一株坚核桂樱，叶和果均非常特别。

右页图 曼吕之坚核桂樱标本，2019 年 3 月 4 日采集于勐宋乡。

继续下行，见 5 位中午在路边休息的小学生，附近有曼吕小学。路旁 4 人，树上 1 人。这株树是极特别的坚核桂樱，成熟的果实像李子，紫色。叶较大，典型的叶大小为：长 120～180 毫米（不计叶柄），宽 48～55 毫米，叶柄长 8～13 毫米。叶的侧脉 8 对，二级侧脉发达；叶端渐尖或尾尖，基部宽楔形；叶缘中部到基部近全缘，近端部有齿及小齿尖；叶两面无毛，上面光亮。小朋友见我在拍摄此植物，送我两粒成熟的果实。其实树上果子不多，成熟的更少，小朋友能摘到的十分有限。我能感受小朋友的厚意，回赠了若干瓶纯净水。品尝了一下，果肉不厚，但味道很好，酸甜。实测果核平均直径 2 厘米。这株也许经过了很长时间的驯化，是作为一种水果有意栽培的。长远看，坚核桂樱很有前途，可以选育成一种优质的特色水果。这与壳斗科锥属的情况差不多，优质的地方性物种资源应当好好利用。

曼吕村位于一个朝阳的大斜坡上，道路颇陡。一株木棉树把村庄点缀得有几分典雅。不过，村子并不富裕。正在棚子里喝酒的四位布朗族年轻人招呼我坐下来一起喝，我说要开车不能喝。他们说："这里很穷，外面来的人不多，请帮我们多宣传一下。""主要产业是茶和甘蔗，云麻已经不种了。"

由于修路，由曼松、闷龙章转向蚌岗的路，差最后一点点就是走不通，只好退回曼吕，从北部经纳卡再到蚌岗拉祜、蚌岗村。沿途见白花洋紫荆和西南凤尾蕨（*Pteris wallichiana*）。这种蕨真是招人喜欢。

15：45，终于从北坡到了蚌岗管理站的垭口。沿着熟悉的小路向东，迅速找到雨季中观察过的那株山茶科叶萼核果茶。场景已经

上图 勐宋乡曼吕村中的一
株木棉

中图 凤尾蕨科西南凤尾蕨

下图 山茶科叶萼核果茶

完全不同，去年9月初树下是一个小水洼，通过时比较困难，此时地表十分坚硬。新叶刚发出来，由"叶萼"包裹的花序有点像柿或君迁子的花序。"叶萼"隐藏在树叶下面的小枝上，只有从下部观察或者有意翻开才能看到。采了标本，但在随后几天的压制过程中，叶迅速从小枝上脱落，可能是干燥的速度不够，也可能是这个物种的本性使然。晚上还用其嫩叶煮茶，汤淡黄色，味道清新，也许将来可以开发成一种饮品。林间小道上长柄山姜（*Alpinia kwangsiensis*）甚多，1月10日在滑竹梁子林中初次见到它开花，预计能持续到5月雨季到来之时。总状花序直立，小苞片褐色，先端2裂；唇瓣卵形，卷曲，几乎全是红色。

　　行进中，看到开花的艾纳香、西蜀苹婆、细毛润楠（*Machilus tenuipilis*）。细毛润楠是第一次看到，叶中脉下凹；若干朵小花组成聚伞花序，再组成多个圆锥花序；花绿白色。潞西山龙眼刚开花；总状花序，花浅黄绿色。

左图 姜科长柄山姜

右图 樟科披针叶楠

返回时，出现一个道岔，北边的一条是来时的路（已经走过3次），南边的上次想走而没有走，今天想尝试一下。结果，越走越觉得不对劲，它开始向南下坡，没有向西北转回的意思。行走约2千米后确认此路不可能返回停车的地方。只好直接向北，从树林中穿行，估计翻过两条小脊就会与来时的路相交。天快黑了，必须果断、迅速。这次还不错，与预期一致，于17：50再次走到那棵叶萼核果茶树下，马上就回到了大路。不过，走错路也有收获，看到了大果油麻藤的大藤子（有少量花）、杨柳科（原大风子科）长叶柞木（*Xylosma longifolia*）。另外见到了卫矛科硬果沟瓣（*Glyptopetalum sclerocarpum*），叶长18厘米，宽11厘米，基部宽楔形，叶全缘；叶上面叶脉下凹，叶下面隆起；叶柄粗壮，颜色相对深些；聚伞花序，2回以上分枝，多花；花数4，萼片半圆形，花瓣长圆形至倒

左上图 杨柳科长叶柞木的叶

左中图 卫矛科硬果沟瓣

左下图 卫矛科硬果沟瓣，叶
的下面。

右上图 杨柳科（原大风子科）
长叶柞木的刺

胡桃科毛叶黄杞

卵形，黄绿色。下山接近勐宋乡时看到一种刚长出芽和花序的胡桃科毛叶黄杞（*Engelhardia spicata* var. *colebrookeana*）。约19：30回到勐海镇。

用一天时间绕滑竹梁子这座大山一圈，由此也充分感受到西双版纳第一高峰所扮演的重要角色，上次登顶反而感受不深。发源于这座大山的溪流向北流入南果河，向东流入纳板河，向南流入流沙河，最终全部汇入澜沧江。不登顶、不绕圈，就不可能真正理解勐宋乡的地理、地貌，当然还有植物。

3月5日和6日到勐仑的中国科学院热带植物园观赏植物，也进一步核实在勐海遇到的一些植物。3月7日特意不走高速，沿旧道G213返回景洪，为的是能够沿途欣赏到本地植物，中午再次拜访西双版纳南药园。傍晚还车返回北京。

补记：下次来勐海是2019年4月10日，参加"勐海县自然与文化研讨会"。

4月10日与苏贤贵、张劲硕等游大益庄园。11日参加自然与文化研讨会，之后与李元胜等重访曼稿弄养水库、苏湖、曼板村。在苏湖管护站见兰科球花石斛（*Dendrobium thyrsiflorum*），在曼板村见兜唇石斛（*D. cucullatum*，据FOC）。12日访问大益茶厂；拜访贺开古茶园，除了古茶树，在茶园也见到山茶科、壳斗科的许多大树；参观勐混镇曼召村手工造纸专业合作社和勐遮镇曼短佛寺（瓦拉扎探，始建于公元950年）；考察曼瓦瀑布（第3次）。13日座谈会后重访勐巴拉景区，见樟科一种楠属或润楠属植物，但愿以后有机会详察。该植物附近有大戟科山乌桕（*Triadica cochinchinensis*），其叶柄顶端有2枚腺体。

左上图 兰科球花石斛，2019 年 4 月 11 日于苏湖。

左下图 兰科兜唇石斛，2019 年 4 月 11 日于曼板村。

右下图 樟科楠属或润楠属植物，未见花果无法鉴定。2019 年 4 月 13 日于勐巴拉。

至此，为写这本书已来勐海 5 次，要看要写的植物还有许多许多，但篇幅已经够大了，决定就此打住。补记：2019 年 6 月 5 日至 15 日第 6 次来勐海考察植物，主要是核实和补拍，先后到过苏湖、曼稿、沿 Y028 乡道到勐满、曼纳、班章、曼诺、蚌岗等地。2020 年 8 月 8 日在勐混镇贺开村看到兰科植物血红肉果兰（*Cyrtosia septentrionalis*）的红色肉质蒴果。《中国植物志》和 FOC 均未记载云南省有此种分布。

盼望有机会经常来勐海，持续观察这里丰富的植物。谢谢勐海的人民和土地！

最后，提若干建议。

不贪恋别人家的"好植物"，优先辨识、使用、展示、宣传本土物种，慎重引进、使用外来物种。

严格禁止在行道树用苗中使用非本土种，因为那样做是不自信的表现，相当于用自己的广告牌给别人免费做广告。

立即建立本土种苗圃，向社会各界提供各种本土种苗。

规划勐海本土植物园，研究、开发并展示本地特色植物。

改变单一种植局面，茶园中应当保留足够多的本土树木。

左页图 大戟科山乌桕

下图 勐遮镇曼短佛寺，全国重点文物保护单位。

全县普洱茶宜减量增质，严格控制开辟新茶园。

加强野生兰科植物保护，杜绝非法买卖，所有社会主体不得私自采收野生兰科植物。

驯化、开发本土野菜、野果，形成产业。

将保护生物多样性、民族文化多样性与生态旅游宣传、研学基地建设密切结合。

编写适合中小学使用的地方性知识教材，为人们了解家乡、热爱家乡打下坚实基地。

上图 血红肉果兰的成熟肉质蒴果及其种子。腐生植物。2020 年 8 月 8 日摄。感谢刘冰先生鉴定。

下图 直翅目拟叶螽科巨拟叶螽（*Pseudophyllus titan*），雌性，体型硕大，头顶到翅尖大于 10 厘米，素食。它的翅像树叶吗？2019 年 4 月 13 日摄于勐海镇大益庄园内。

参考文献

种子在生根的阶段，我们是看不到的。等它发了芽，能不能成长、结什么果实，也不是一时半刻能判断的。这都是有因果的。

—— 电视剧《让我听懂你的语言》，第29集

1. 论文与一般图书：

Cain AJ (1958). Logic and Memory in Linnaeus's System of Taxonomy. *Proceedings of the Linnean Society of London*, 169 (01–02): 144–163.

Ereshefsky M (1997). The Evolution of the Linnaean Hierarchy. *Biology and Philosophy*, 12: 493–519.

Fan Y-L, Kress WJ, Li Q-J (2015). A New Secondary Pollen Presentation Mechanism from a Wild Ginger (*Zingiber densissimum*) and Its Functional Roles in Pollination Process. *Plos One*, 10 (12): e0143812.

Gale SW *et al.* (2018). Integrative Analyses of *Nervilia* (Orchidaceae) Section *Linervia* Reveal Further Undescribed Cryptic Diversity in Thailand. *Systematics and Biodiversity*, 16 (04): 377–396.

Linnaeus C (2005). *Linnaeus' Philosophia Botanica*, Tr. from the Latin by Stephen Freer. Oxford: Oxford University Press.

Liu Z and Peng H (2016). Notes on the Key Role of Stenochoric Endemic Plants in the Floristic Regionalization of Yunnan. *Plant Diversity*, 38 (06): 289–294.

McOust G (2009). The Origins of 'Natural Kinds': Keeping 'Essentialism' at Bay in the Age of Reform. *Intellectual History Review*, 19 (02): 211–230.

Osbeck P (1771). *Voyage to China and the East Indies*, Tr. from the German by John Reinhold Forster. London: Benjamin White.

PPG (The Pteridophyte Phylogeny Group) (2016). A Community-derived

Classification for Extant Lycophytes and Ferns. *Journal of Systematics and Evolution*, 54 (06): 563–603.

Prance GT (2009). Neotropical Dichapetalaceae//Milliken W., Klitgård B & Baracat A (2009 onwards), *Neotropikey-Interactive Key and Information Resources for Flowering Plants of the Neotropics*. [2019–06–01]. http://www.kew.org/science/tropamerica/neotropikey/families/Dichapetalaceae.htm.

Roy S (2011). Historical Review of Growth of Tea Industries in India: A Study of Assam Tea. *2011 International Conference on Social Science and Humanity*, IPEDR, 5: 167–170.

Stearn WT (1957). An Introduction to the Species Plantarum and Cognate Botanical Works of Carl Linnaeus. *Species Plantarum* (Facsimile). London: The Ray Society.

Stearn WT (1959). The Background of Linnaeus's Contributions to the Nomenclature and Methods of Systematic Biology. *Systematic Zoology*, 8 (01): 4–22.

Stearn WT (2004). *Botanical Latin*. Portland: Timber Press.

Tang F-X, Li J-W, Pan B, Wu X-F, Luo Y, Liu X (2018). New and Newly Record Orchids of Nervilia (Nervilieae, Epidendroideae, Orchidaceae) in China. *Phytotaxa*, 379 (02): 162–168.

Winsor MP (2001). Cain on Linnaeus: The Scientist-Historian as Unanalysed Entity. *Studies in History and Philosophy of Biological and Biomedical Science*, 32 (02): 239–254.

Yuan YW, Mabberley DJ, Steane DA, Olmstead RG (2010). Further Disintegration and Redefinition of Clerodendrum (Lamiaceae): Implications for the Understanding of the Evolution of an Intriguing Breeding Strategy. *Taxon*, 59: 125–133.

Yang Y *et al.* (2004). Biodiversity and biodiversity conservation in Yunnan, China. *Biodiversity & Conservation*, 13 (04): 813–826.

Zhao D, Parnell JAN, Hodkinson TR (2017). Names of Assam Tea: Their Priority, Typification and Nomenclatural Notes. *Taxon*, 66 (06): 1447–1455.

艾萍等（2015）.勐海县早粳晚籼模式优势分析及栽培技术.农民致富之友，（20）：189—189；88.

包晴忠、李志勇（2003）.勐海县布朗山"天保"工程与退耕还林的调查.林业调查规划，（01）：19—23；27.

北村四郎（1950）.茶とツバキ.植物分類，地理，14（02）：56—63.

蔡圆圆（2014）.惟青山不老：记中国现代茶叶科技先行者张顺高.中国高新技术企业，（32）：170—172.

曹晓晓等（2013）.外来入侵植物阔叶丰花草的生长与繁殖特性.温州大学学报：自然科学版，34（02）：29—35.

陈浩（2018-09-30）.千年古茶树真的存在吗?.[2019-08-30]. http://m.puercn.com/show-350-146091.html.

陈红波、段安、张尹（2015）.云南不同民族对同一药用植物功用诠释：以保山市世居少数民族为例.云南中医药杂志，36（07）：104—109.

陈亮、虞富莲、童启庆（2000）.关于茶组植物分类与演化的讨论.茶叶科学，20（02）：89—94.

陈玫等（2012）.勐海古树茶与生态茶品质化学研究.福建茶叶，（04）：12—15.

崔明昆（2011）.象征与思维：新平傣族的植物世界.昆明：云南人民出版社.

代永彬（2009）.勐海县轮歇地上天然林资源管理的探讨.林业调查规划，（03）：60—62.

刁远明等（2004）.三叉苦化学成分研究（I）.中草药，（10）：1098—1099.

董艺（2012）.曼宰竜佛寺僧舍外墙壁画研究.北京：中央民族学院硕士学位论文.

范建辉等（2011）.云南勐海盘龙山铁矿矿床成因.云南地质，（03）：323—325.

范永立（2015）.花药—柱头合作关系在姜科植物繁殖适应过程中的重要性.北京：中国科学院研究生院博士学位论文.

冯志舟（2011）."争光树"：风吹楠.云南林业，（04）：61.

高末等（2006）.阔叶丰花草：浙江茜草科一新归化种.植物研究，26（05）：520—521.

高媛等（2017）.降香黄檀引种栽培研究进展.浙江农业科学，（01）：52—
55；58.

高江云、刘强、余东莉主编（2014）.西双版纳的兰科植物多样性和保护.
北京：中国林业出版社.

胡玥（2003）.勐海傣族文身调查.民族研究，（06）：64—68.

黄才欢等（2004）.米团花色素的提取及其稳定性研究.中药材，（04）：
243—246.

黄良全（2013）."马儿"驮着歌声走天下.职大学报，（02）：55—57；43.

蒋志刚、马克平（2017）.中国生物多样性保护的国家意志、科学决策和公
众参与：第一份省域物种红色名录研究.生物多样性，25（07）：794—
795.

康国娇等（2014）.傣药三桠苦化学成分研究.中药材，（01）：74—76.

李春秀等（2016）.勐海甘蔗套种玉米、大豆示范试验及技术总结.中国糖
料，（05）：49—51.

李芳等（2015）.勐海县蔗糖产业发展的指导性建议.农村实用技术，（10）：
12—14.

李嵘等（2002）.中国梁王茶植物纪要.云南植物研究，（04）：421—427.

李文灿（2017）.勐海县优质稻产业发展现状及对策.云南农业科技，（01）：
16—17.

刘冰、刘凤、卫然（2018）.中国维管植物科属概览：依据 PPG I 和 APG IV
系统.生物多样性，待发表.

刘冰等（2015）.中国被子植物科属概览：依据 APG III 系统.生物多样性，
23（02）：225—231.

刘华杰等（2018）.蔷薇科 Docynia 之中文名宜为"多依属".生物多样性，
2018，26（12）：1348—1349.

刘世龙等（2009）.云南德宏州高等植物（上册）.北京：科学出版社.

刘晓娜（2012）.西双版纳橡胶林地的遥感识别与数字制图，34（9）：
1769—1780.

罗秉森等（2001）.对"勐海禁毒模式"的思考.云南公安高等专科学校学
报，（02）：32—36.

罗纯（2017）.基于边缘效应理论的边境旅游发展模式分析：以勐海县为例.百色学院学报，（04）：64—70.

罗清、时权（2016）.勐海县珍贵树种香樟繁育技术.甘肃农业科技，（06）：83—85.

罗廷振（1994）.西双版纳佛寺及其附属建筑的民族特色.云南民族大学学报（哲学社会科学版），（01）：36—42；95—96.

吕植、顾垒（2018-05-22）.《国家重点保护野生动物／植物名录》20年未变，亟须更新.光明日报，13.

马成湘等（2010）.浅析勐海县甘蔗产业现状及对策.经济研究导刊，（21）：113；136.

马玲等（2018）.云南省勐海县野生大茶树表型多样性分析.西南农业学报，（02）：253—258.

马原（2018）.姑娘寨.广州：花城出版社.

马哲峰（2017-08-27）.伤逝：茶树王衰亡启示录.[2019-08-30]. http://www.ishuocha.com/lishi/charen/23730.html.

勐海县地方志编纂委员会编（2018）.勐海年鉴2017年.德宏：德宏民族出版社.

勐海县人民政府编（1984）.云南省勐海县地名志.内部发行.

勐海县人民政府编（2002）.勐海县年鉴1996—2000.德宏：德宏民族出版社.

牛毅（2014）.勐海县竹产业发展现状及对策.宁夏农林科技，（01）：35—36.

石凤旭等（2014）.勐海县冬马铃薯品种筛选试验.云南农业科技，（04）：15—17.

石祥刚等（2008）.关于苦茶的新组合.中山大学学报（自然科学版），47（06），129—130.

时权、罗清（2016）.勐海县珍贵用材树种格木育苗基质研究.园艺与种苗，（05）：10—11；14.

孙涛等（2010）.勐海县大麻种植地土壤氮、磷、钾肥力状况初探.云南农业科技，（05）：17—18.

孙正宝等（2016）.基于Google Earth与ArcGIS的勐海县橡胶林覆盖分

析.云南地理环境研究,（01）：7—13.

谭光荣、陈红伟（2011）.勐海县古茶树资源及其保护利用.现代农业科技,
　　（06）：95；97.

王晨绯（2017-01-16）.西双版纳发现轮叶三棱栎.中国科学报,5.

王发祥、李艳芳（2004）.勐海县甘蔗低产原因及对策.甘蔗（福建）,
　　（02）：49—51.

王宏树（1990）.浅谈茶树蔽阴.蚕桑茶叶通讯,（03）：29—31.

王继华等（2006）.云南省勐海县布朗族头面部器官的形态观察.中国临床
　　康复,（09）：118—120.

王平盛、虞富莲（2002）.中国野生大茶树的地理分布、多样性及其利用价
　　值.茶叶科学,（02）：105—108；134.

王萍（2009）.高温胁迫对短梗大参叶片结构及生理特性的影响.中南林业
　　科技大学硕士学位论文.

王仕玉（2004）.梁王茶扦插繁殖初报.西北农业大学学报,26（03）：
　　267—269.

王文采（2014）.中国楼梯草属植物.青岛：青岛出版社.

王悠悠（2016）.浅谈中国佛教建筑与景观设计的联系.艺术科技,（06）：314.

吴丽霞等（2016）.勐海县加快蔬菜保供基地建设对策研究.中国农业信息,
　　（01）：39—40.

吴顺福、王巧燕（2016）.勐海县土沉香种植现状及发展研究.林业调查规
　　划,（05）：115—117；130.

肖如昆（2003）.火镰菜野生变家咱的栽培技术.临沧科技,（04）：43—44.

谢椒芳（2005）.野生滑板菜栽培.云南农业,（06）：9.

解天龙、赵嘉德、业荣（2015）.澄江县野生蔬菜梁王茶的开发利用.农村
　　实用技术,（11）：13—15.

熊姣（2011）.中国植物学先驱吴韫珍怎样做学问？.//江晓原,刘兵.好的归
　　博物.上海：华东师范大学出版社,88—109.

熊胜祥（2009）.浅谈南传佛教与民族地区义务教育：以勐海县和尚生现象
　　为例.中国宗教,（12）：53—55.

徐爱萍（2000）.勐海天然樟脑可望发展成为支柱产业：勐海樟脑产业化发

展调查与思考．云南农村经济，（06）：83—84.

徐建平（2008）．民国时期云南勐海茶业发展中的相关法律制度研究．云南
　　大学学报：法学版，（04）：34—39.

许本汉（2009）．刀安仁与植物引种．话说盈江（县委县政府机关刊物），
　　（04）：90—94.

许国云、段宗亮（2014）．勐海县降香黄檀引种育苗技术研究．宁夏农林科
　　技，（01）：24—25.

许燕等（2014）．紫娟茶与勐海地区紫芽茶生化成分含量分析．湖南农业科
　　学，（09）：16—17.

许又凯、刘宏茂、陶国达（2002）．西双版纳野生蔬菜资源的特点及开发建
　　议．广西植物，（03）：220—224.

许再富等（2015）．植物傣名及其释义：云南西双版纳．北京：科学出版社.

严火其（2015）．哈尼人的世界与哈尼人的农业知识．北京：科学出版社.

岩温主编（2010）．知青忆勐海：勐海文史资料第九辑．中国人民政治协商
　　会议勐海县委员会．内部资料，普洱方华印刷有限公司.

杨鸿培等（2016）．勐海县林业有害昆虫种类初步调查．林业调查规划，
　　（06）：87—94.

杨子林（2009）．滇西南蔗区新有害生物——阔叶丰花草．中国糖料，
　　（04）：41—43.

佚名（2012–11–19）．致老茶树——纪念逝去的勐海贺松野生茶树王.
　　[2019–08–30]. http://www.puercn.com/puerchawh/puerchags/38303.html.

有川浩（2015）．植物图鉴．南昌：百花洲文艺出版社.

喻彦、蒙桂云（2005）．浅谈勐海引种冬亚麻气候适应性及前景．热带农业
　　科技，（01）：45—46.

云南省勐海县地方志编纂委员会编纂（1997）．勐海县志．昆明：云南人民
　　出版社.

张雍德（2004）．"南甫"溪流水如蜜：勐海县下曼来傣族农耕文化调查手
　　记．今日民族，（12）：27—32.

张振伟（2011）．南传佛教寺院经济运行及其对傣族社会的影响：以景真总
　　佛寺为例．文化遗产，（04）：137—142.

赵东伟、杨世雄（2012）.山茶科大苞茶的再发现及形态特征修订.热带亚热带植物学报，20（04）：399—402.

赵云川、安佳（2013）.曼宰龙佛寺僧舍外墙壁画探究.中国美术，（05）：110—114.

征鹏主编（1996）.勐海.成都：成都科技大学出版社.

郑在声（1989）.树番茄.中国蔬菜，（06）：48.

周海丽主编（2016）.滇西边境县研究书系·勐海县.昆明：云南大学出版社.

周正等（2017）.马蓝种质资源研究进展.药学实践杂志，35（01）：1—4;转16.

朱华、王洪、李保贵、周仕顺、张建侯（2015）.西双版纳森林植被研究.植物科学学报，（05）：641—726.

庄生晓梦、张顺高（2017）.半世纪的茶海之梦.普洱，（06）：90—95.

邹启平（2017）.云南省勐海县南罕金矿地质特征.西部资源，（01）：46—47.

2. 工具书、网站、应用软件：

《云南植物志》（1—21卷）（1975—2010）.北京：科学出版社.（对于写作本书来说，这是最重要的一套参考书。虽然有些内容已经变化了，但它是基础.）

《中国高等植物彩色图鉴》（1—9卷）（2016）.北京：科学出版社.

《中国植物志》（在线版）（2006至今），http：//frps.eflora.cn.

《海南植物图志》（1—14卷）（2015—2016），北京：科学出版社.

"标本伴侣"（iHerbarium）（2018）.中国数字植物标本馆.

"花伴侣"（2018）.鲁朗软件（北京）有限公司、中国科学院植物研究所.

Flora of China（简称FOC）（在线版）（2013至今），http://foc.eflora.cn.

多识团队（2016至今）.多识植物百科，http://duocet.ibiodiversity.net/.

国家标本资源共享平台（NSII）（2019），http://nsii.org.cn.

中国数字植物标本馆（CVH）（2019），http://www.cvh.ac.cn.

附录1 勐海本地特色树木推荐

（优秀的本地树木，在行道树、公园、荒山绿化、自然教育活动中宜优先选用。园林部门和园艺企业也应当优先繁育并向市场提供此类苗木。其中加 * 者值得特别关注。）

* 蔷薇科多依（*Docynia indica*）
* 使君子科榆绿木（*Anogeissus acuminata*）
* 蔷薇科坚核桂樱（*Lauro-cerasus jenkinsii*）
* 无患子科韶子（*Nephelium chryseum*）
* 壳斗科湄公锥（*Castanopsis mekongensis*）
* 壳斗科勐海柯（*Lithocarpus fohaiensis*）
* 樟科思茅黄肉楠（*Actinodaphne henryi*）
* 肉豆蔻科红光树（*Knema furfuracea*）
* 桦木科西桦（*Betula alnoides*）
* 五列木科茶梨（*Anneslea fragrans*）
* 山茶科西南木荷（*Schima wallichii*）
* 樟科普文楠（*Phoebe puwenensis*）
* 木兰科多花含笑（*Michelia floribunda*）
* 山矾科沟槽山矾（*Symplocos sulcata*）
* 蔷薇科高盆樱桃（*Cerasus cerasoides*）
* 大麻科糙叶树（*Aphananthe aspera*）
木兰科川滇木莲（*Manglietia duclouxii*）
壳斗科棱刺锥（*Castanopsis clarkei*）
樟科厚叶琼楠（*Beilschmiedia percoriacea*）
壳斗科泥柯（*Lithocarpus fenestratus*）
胡桃科云南黄杞（*Engelhardtia spicata*）

杨梅科毛杨梅（*Myrica esculenta*）

省沽油科大果山香圆（*Dalrympelea pomifera*）

豆科白花洋紫荆（*Bauhinia variegata* var. *candida*）

樟科钝叶桂（*Cinnamomum bejolghota*）

杜英科大果杜英（*Elaeocarpus sikkimensis*）

壳斗科耳叶柯（*Lithocarpus grandifolius*）

山茶科叶萼核果茶（*Pyrenaria diospyricarpa*）

山龙眼科深绿山龙眼（*Helicia nilagirica*）

千屈菜科八宝树（*Duabanga grandiflora*）

桦木科尼泊尔桤木（*Alnus nepalensis*）

木兰科合果木（*Michelia baillonii*）

木兰科长蕊木兰（*Alcimandra cathcartii*）

豆科棋子豆（*Archidendron robinsonii*）

叶下珠科木奶果（*Baccaurea ramiflora*）

瑞香科云南沉香（*Aquilaria yunnanensis*）

使君子科千果榄仁（*Terminalia myriocarpa*）

茜草科岭罗麦（*Tarennoidea wallichii*）

山榄科大肉实树（*Sarcosperma arboreum*）

藤黄科版纳藤黄（*Garcinia xipshuanbannaensis*）

无患子科干果木（*Xerospermum bonii*）

楝科皮孔樫木（*Dysoxylum lenticellatum*）

附录2 勐海特色藤类推荐

（包括藤状灌木，不收草质藤本。植物园、花园、隔离墙中宜优先选用。）

买麻藤科垂子买麻藤（*Gnetum pendulum*）

五味子科滇五味子（*Schisandra henryi* var. *yunnanesis*）

葡萄科勐海葡萄（*Vitis menghaiensis*）

豆科巴豆藤（*Craspedolobium unijugum*）

豆科密花豆属（*Spatholobus* spp.）

豆科厚果崖豆藤（*Millettia pachycarpa*）

毛茛科威灵仙（*Clematis chinensis*）

防己科细圆藤（*Pericampylus glaucus*）

防己科苍白秤钩风（*Diploclisia glaucescens*）

夹竹桃科南山藤（*Dregea volubilis*）

夹竹桃科闷奶果（*Bousigonia angustifolia*）

葡萄科崖爬藤属（*Tetrastigma* spp.）

桑科柘藤（*Maclura fruticosa*）

棕榈科勐海省藤（*Calamus latifolius*）

芸香科飞龙掌血（*Toddalia asiatica*）

豆科含羞云实（*Caesalpinia mimosoides*）

附录3 食客宜优先了解的勐海植物

（多为草本，只列本土种。游客来到勐海，要尽可能品尝本地特色植物。）

禾本科稻（*Oryza sativa*）之勐海香米。

山茶科普洱茶（*Camellia sinensis* var. *assamica*）。

伞形科刺芹（*Eryngium foetidum*），刺芫荽，大叶香菜。调味料。

伞形科卵叶水芹（*Oenanthe javanica* subsp. *rosthornii*），野芹菜。著名野菜。

胡椒科胡椒属（*Piper* spp.）多种，调味料。比如假蒟。

唇形科水香薷（*Elsholtzia kachinensis*），水香菜。调味料。

石蒜科苤菜（*Allium hookeri*），宽叶韭，韭菜。

禾本科竹笋（*Dendrocalamus* spp.）。

叶下珠科余甘子（*Phyllanthus emblica*）。野果。

胡颓子科勐海胡颓子（*Elaeagnus conferta* var. *menghaiensis*）。野果。已有栽种。

薯蓣科参薯（*Dioscorea alata*）。

三白草科蕺菜（*Houttuynia cordata*），鱼腥草，折耳根。调味料或蔬菜。

茄科龙葵（*Solanum nigrum*）、滨黎叶龙葵（*S. nigrum* var. *atriplicifolium*）或少花龙葵（*S. americanum*），苦凉菜。

芭蕉科小果野蕉（*Musa acuminata*）的花序，野蕉花序。

豆科羽叶金合欢（*Acacia pennata*），臭菜。嫩叶作野菜。已有栽种。

山柑科树头菜（*Crateva unilocalaris*）。嫩叶作野菜。

茄科水茄（*Solanum torvum*），苦子果。

蹄盖蕨科食用双盖蕨（*Diplazium esculentum*），水蕨，过猫蕨，过沟菜蕨。野菜。

五加科白簕（*Eleutherococcus trifoliatus*），刺五加。野菜。已有栽种。

蓼科香蓼（*Persicaria viscosa*）。调味料。

桑科大果榕（*Ficus auriculata*），木瓜榕。叶和果可食。

叶下珠科木奶果（*Baccaurea ramiflora*）。水果。

防己科连蕊藤（*Parabaena sagittata*），滑板菜，蕊藤，犁板菜，发菜。

天南星科刺芋（*Lasia spinosa*）。野菜。

蔷薇科多依（*Docynia indica*）。野果。

天南星科滇魔芋（*Amorphophallus yunnanensis*）。特殊加工后可食。

天南星科芋（*Colocasia esculenta*）。

附录4 勐海常见外来植物

（人们熟悉的相当一批植物被误以为是本土种。这里的"本土"指云南省。将外来种划分为明显有害、有害、相对安全、安全四个等级。外来的未必一定有害，但引入外来种有风险，应慎重。也不宜把别人的宝贝当成自己的宝贝，或者把世界热带地区普遍栽培的植物当成自己的特色植物加以宣传。）

菊科破坏草（*Ageratina adenophora*）。明显有害。

菊科飞机草（*Chromolaena odorata*）。明显有害。

菊科肿柄菊（*Tithonia diversifolia*）。明显有害。

马鞭草科马缨丹（*Lantana camara*），五色梅。明显有害。

茜草科阔叶丰花草（*Spermacoce alata*）。有害。

菊科蓝花野茼蒿（*Crassocephalum rubens*），有害。

菊科三裂叶蟛蜞菊（*Wedelia trilobata*），有害。

菊科牛膝菊（*Galinsoga parviflora*），辣子草。有害。

紫茉莉科光叶子花（*Bougainvillea glabra*），三角梅、宝巾、叶子花。安全。

紫葳科火焰树（*Spathodea campanulata*）。有害。在夏威夷和印尼都已入侵
　　当地森林，不宜用于行道树。

大戟科橡胶树（*Hevea brasiliensis*）。相对安全。大规模栽种破坏生物多
　　样性。

桃金娘科桉（*Eucalyptus robusta*）。相对安全。大规模栽种破坏生物多
　　样性。

桃金娘科番石榴（*Psidium guajava*），芭乐。安全。

瑞香科土沉香（*Aquilaria sinensis*）。相对安全。成片栽种导致虫害。

锦葵科木棉（*Bombax ceiba*）。安全。

西番莲科西番莲（*Passiflora caerulea*）。相对安全。

豆科降香（*Dalbergia odorifera*），降香黄檀，海南花梨木。安全。但要注意
虫害。

豆科紫檀（*Pterocarpus indicus*）。安全。

豆科腊肠树（*Cassia fistula*）。安全。

豆科节荚决明（*Cassia javanica* subsp. *nodosa*）。安全。

豆科凤凰木（*Delonix regia*）。安全。

豆科豆薯（*Pachyrhizus erosus*）。安全。

豆科酸豆（*Tamarindus indica*），罗望子，酸角，甜角。安全。

豆科落花生（*Arachis hypogaea*）。安全。

山龙眼科澳洲坚果（*Macadamia integrifolia*）。安全。但需控制总量。

山龙眼科银桦（*Grevillea robusta*）。安全。

棕榈科贝叶棕（*Corypha umbraculifera*）。安全。

棕榈科王棕（*Roystonea regia*）。安全。

棕榈科槟榔（*Areca catechu*）。安全。

棕榈科假槟榔（*Archontophoenix alexandrae*）。安全。

棕榈科油棕（*Elaeis gunieensis*）。安全。

棕榈科蒲葵（*Livistona chinensis*）。安全。

漆树科甜槟榔青（*Spondias dulcis*）。安全。

茄科树番茄（*Cyphomandra betacea*）。安全。

茄科茄（*Solanum melongena*）。安全。

茄科辣椒（*Capsicum annuum*）。安全。

茄科小米辣（*Capsicum frutescens*）。安全。

茄科阳芋（*Solanum tuberosum*），土豆，马铃薯。安全。

茄科番茄（*Lycopersicon esculentum*）。安全。

桑科菩提树（*Ficus religiosa*）。安全。

桑科无花果（*Ficus carica*）。安全。

仙人掌科火龙果（*Hylocereus undulatus*）。安全。

番木瓜科番木瓜（*Carica papaya*）。安全。

天门冬科丝兰（*Yucca smalliana*）。全安。

天门冬科剑麻（*Agave sisalana*）。安全。

天门冬科朱蕉（*Cordyline fruticosa*）。安全。

葫芦科佛手瓜（*Sechium edule*）。安全。

夹竹桃科鸡蛋花（*Plumeria rubra*）。安全。

禾本科甘蔗（*Saccharum officinarum*）。安全。

禾本科玉蜀黍（*Zea mays*），玉米，苞米。安全。

旋花科红苕（*Ipomoea batatas*），红薯、番薯、蕃薯、山芋、地瓜、红苕。
　　安全。

千屈菜科大花紫薇（*Lagerstroemia speciosa*）。安全。

大戟科木薯（*Manihot esculenta*）。安全。

芭蕉科香蕉（*Musa nana*）。安全。

后 记

一段时间内我只专心做一件事。从 2018 年 7 月到 2019 年 6 月，我一直关心着勐海的植物，先后 6 次到勐海考察、拍摄，到过县里的每一个乡镇。在这之前一年半，我一心扎在吉林松花湖大青山的植物上，几乎踏遍万科滑雪场所在那座山的每一角落。勐海在中国西南，吉林在中国东北，一南一北的植物深深地吸引着我，也考验着我这样一位植物博物学爱好者。但坦率地讲，勐海的野生植物要复杂得多，远超出我个人把握的能力。

感谢中共勐海县委宣传部对本书写作的资助。勐海县委宣传部刘应枚女士对本书倾注了大量心血，不但提供了全程指导并且安排解决各种具体问题。佐连江、胡红卫、则罗、王海新、海山、岩波涛等朋友和县委宣传部、林草局及其多个林业管护站提供了多种帮助、支持。在此对诸位先生、女士及有关单位表示感谢！在我国其他地方，不少基层官员忙于应对日常繁杂事务，偶尔也做些表面文章，不大会创造性领会国家生态文明建设的用意和决心，不容易为家乡建设做长远谋划。而勐海县的发展观念和做法令我吃惊，感到眼前一亮。勐海县的经验值得在全国推广。本书是县委规划中的"勐海五书"之一，此计划理念先进，思虑长远。在全国县一级若能推广开来，那就相当厉害了，是在为美丽乡村和生态文明建设做基础性工作。

特别感谢诗人、博物学家李元胜先生的牵线搭桥，使我有机会接触勐海植物。我和元胜早有交往，却未曾谋面。由于勐海这个项目，我们才有机会在勐海相见。

关于动植物物种，经常请教刘冰、林秦文、罗毅波、吴健梅、马金双、张宪春、张力、李庆军、潘勃、刘夙、张巍巍、李元胜、严莹、杨鸿雁等老师和朋友。感谢他（她）们的耐心解答。

为撰写本书，本人对勐海的野生植物多有打扰，感谢植物的伟大付出。希望本书的出版长远来看有利于本土植物的生存。在野外虽然我严格遵守博物伦理，争取把伤害降到最低，但对一些植物仍有冒犯，在此表示歉意。我个人不收藏植物标本，为鉴定而采集的极少量标本将送给有关专家、学校和标本馆。

感谢中国科学院西双版纳植物园标本馆馆长李剑武先生审稿，帮助纠正了许多错误。李先生用了 10 天时间仔细阅读稿件、检查图片，提出了许多宝贵建议。本书只触及勐海植物的一小部分，李先生建议做成一个系列，展示更多的勐海野生植物。我个人也有此意，希望能找到机会。感谢中国科学院植物研究所刘冰先生对本书中 APG IV 和 PPG I 的科属的审核。感谢北京大学出版社周志刚先生对书稿的出色加工。

云南植物的丰富度与我个人水平的有限性，形成了强烈对比。我本人对勐海植物的了解是相当肤浅的，没有十年八年不大可能真正熟悉这里的野生植物。本书在植物鉴定和描述方面肯定存在错误和不足，一切错误均由我个人负责。读者发现错误请致信告诉我：huajie@pku.edu.cn，非常感谢！

刘华杰

2019 年 4 月 6 日初稿于北京大学

2019 年 5 月 6 日修订

2019 年 6 月 19 日补充